とんでもなく役に立つ数学

西成活裕

とんでもなく役に立つ数学　目次

2章　数式から呼吸が聞こえる　53

3章　ループをまわして、リアルな世界へ　119

4章 社会の大問題に立ち向かう

はじめに

「やあ、みなさん、私の研究室へようこそ」

かつて、この台詞《せりふ》からはじまるテレビの深夜番組があって、大学生のときに下宿でよく見ていたことを思い出します。当時、私が抱いていた大学教授そのもののイメージを俳優が演じていて、その姿に将来の自分を重ねていたものでした。

さて、現在、私自身が教授になったわけですが、今回、私の研究室にやって来てくれたのは、都立三田高校の12名の生徒たちです。2010年の春、高校生のみなさんと4日間にわたって特別授業を行いました。本書は、その授業の様子をベースに書籍化したものです。

きっかけは、私が『16歳の教科書2』(講談社)で、「どんな数学アレルギーも解消できる自信がある」などと書いてしまったことで、「それなら数学嫌いを吹き飛ばす授業をしてほしい」というオファーをいただいたのでした。実際にそれができるかどうか、私にとって挑戦でした。

残念ながら、数学を嫌いだという人が、かなりいらっしゃることは事実です。ですが、ちょっとだけ見方を変えれば、そういう人でもすぐに数学を好きになる可能性はありますし、誰にでも数学的な議論に楽しく参加できる余地はあると、私は思っています。

確かに数学の記号を習得するのは時間がかかりますが、それは語学も同じです。語学でいえば、単語を覚えているだけでは、外国語を話せるようにはなりません。外国人と真のコミュニケーションをするには、異なる文化背景をも理解しなければいけない。数学でも、記号は単語のようなもので、確かに必要ですが、その背景にあるアイディアのほうも、同様以上に大事なのです。

ですので、本書では、この文化背景のほうに焦点を当ててみました。そうすると、数学の考え方は他の分野にも使えるものが多いと感じていただけると思います。

ところで、私が15歳、16歳のみなさんに伝えたかったことは、高校の教科書で勉強する数学についてではありません。現実社会に飛び出して、様々な場面で活躍している数学、そして厳密さといい加減さが入り混じった「血の通った数学」の姿です。

これまで、数学は、厳密さを極めていくことで独特の世界観を獲得してきました。これを否定する気はまったくありませんし、これからも数学自体は厳密さを失ってはいけないと思います。

しかし、数学を現実社会で「使う」際には、どうしてもそのままというわけにはいきません。少し型を崩す必要が生じて、ここにいい加減さが入り込むのです。これが耐えられない数学者は理想郷にこもって一生を数学に捧《ささ》げるのですが、私はそういう人生ではなく、せっかくの数学の強力な武器や知恵を、少しでも世界を良くするために使いたいと思っています。

そのために、数学もよく知り、現実もよく知って、自分の中にこの両方を入れてかき混ぜてみようと決意しました。そのひとつの私の試みが、10年もかかりましたが「渋滞学」というものです。

渋滞だけではなく、これからいくつもの分野で数学を使って何か仕掛けていきたいと企《たくら》んでいるのですが、今回の授業では高校生たちに、ぜひこの現場の面白さを体感してもらって、できれば一緒に数学の可能性を広げていきたいと考えました。

本書で感じてほしいことは、「数学で考える」ということの真の意味です。終盤では、その実践編を盛り込んでみました。数学を使って思考を深めながらアイディアを展開していく様子を感じていただけるのではないかと思います。

読者のみなさんには、この本の中に出てくる数学の武器（アイテム）をどんどん装着してほしいと思っています。それらは使い方次第で、これからのみなさんの人生において、大いに力になってくれるはずです。

本書で紹介している数学は決して難しいものではなく、本来のアイディアはとても単純です。本を読んで難しいと感じたら、その場合はたいてい、著者が深くわかっていないことが多いのです。私はかなり努力して執筆しましたが、それでもまだ書き方が甘いところがあるかもしれません。ですから、わからないところがあれば、すべて私のせいにして、どんどん私を超えて掘り下げていってください。

紙面と時間の都合で、いろいろな話題について細かく深掘りしていくことはできませんでしたが、読み終えていただけたころには、みなさんが独学で数学を使いたくなってくださっているのでは、と期待しています。

数学という人生の「背骨」になるものの力強さを感じていただき、その新しい使い方をひとつでも見出《みいだ》していただければ、著者としてこれほど嬉《うれ》しいことはありません。

それでは、どうぞ私の研究室にお入りください。

1章

いつも胸ポケットに、難問を

公式は忘れても、考え方は忘れない

私は子どものころから数学が大好きで、ずっと数学に関係したことをやってきた人間です。これから4回の講義で、数学の楽しさをみなさんと分かち合いたいと思っています。今回、集まってくれたメンバーは数学が好きな人と嫌いな人、半々のようですね。はじめに、数学が好きな理由・嫌いな理由をそれぞれ教えてもらえませんか。まず、好きな人、どうかな。

——YESとNOが揺れ動いている感じだったけれど、今はけっこう好きです。いろんな解き方があるけれど、答えはひとつしかないのでわかりやすいし、問題が解けるとすっきりする。

確かにすっきりしますね。私も同じです。答えがひとつかどうかは、実は大切なポイントなので、また後で話したいと思います。

——問題を解けたときの達成感、快感が他の教科より大きい。僕はちょっと理屈っぽいので、筋道を立てて考えていく面も好きです。それと、数学は「論理的かつ非論理的」って聞いたことがあって、そういう複雑で不思議な面にも興味があります。

へえ、どこで聞いたの？

——テレビでジョン・ナッシュ博士が言っていたんです。

それはいい番組を見ましたね。数学は論理が大切だけど、それだけでは割り切れないことがいろいろあります。ちょうど次回、ナッシュの話をしようと思っています。他にはどうかな。

——パズルのような感覚で、公式さえ覚えてしまえば、式にあてはめて自分で解けるから楽しい。暗記が大事な教科だと思う。イメージは、機械的で冷静な感じ。

暗記は好き？

——好きではないです。でも、仕方ないというか……。

暗記って、実は私も弱い。いくら覚えても大人になると、どんどん忘れていくんだよね。みなさんのお父さんやお母さんだって、中学校でみんなが習う二次方程式をもう解けないんじゃないかな（笑）。公式は忘れてしまうものだから。でも、考え方ってぜったい忘れない。

だから今回は、記号や式だけじゃない、数学の考え方をメインにお話ししようと思っています。じゃあ、嫌いな人はどう？

——向いていないのか、とにかく苦手。とくに応用問題が解けなくて、解答を見ても理解できないことがよくあります。どうすれば嫌いにならなくてすむか教えてほしいです(笑)。

たとえば嫌いな料理を好きになるって難しいことだよね。でも、食わず嫌いという言葉もあるけれど、食べてみると意外においしかったということもある。それと、いきなり応用問題を解くよりも、まず基本的な考えをごまかさずにマスターすることのほうが大切です。それをこれから一緒に勉強していきましょう。

――中学のときはできたけれど、だんだんできなくなってきた。文系に決めているので、ますます苦手意識が出てきて、「数学はもうやらなくていいかな……」なんて思ったり。

実は文系こそ、これからますます数学は大事なんですよ。経済や統計などで数学を多岐にわたって使いますので、ぜひともがんばりましょう。

現象の背景にある「理論」が知りたい

まずは、私の自己紹介からはじめますね。私が理科系に目覚めたのは小学校2年生ぐらいのときで、きっかけはラジオなんです。

親父が技術者で、家にはいつも小さな電子部品がいっぱい転がっていました。ある日、親父がその部品でラジオをつくってくれて、不格好な外見だったけれど、スイッチをひねるとちゃんと音が聞こえてきて感動しました。私はそのとき、どうしてこんな部品を組み合わせただけで音が出るんだろう、と不思議に思ったのです。

さっそく本で調べてみると、いきなり「オームの法則」という謎の言葉が出てきて、すぐ親父に聞いてみたのですが、これは難しいんだという一言だけでした。そのままがんばって読み進んでみたけれど、さっぱり理解できなかった。早すぎましたね。

電磁波といわれても何のことやらまったくわからなかったけれど、仕組みはどうなっているんだろうと不思議に思う気持ちは強く残りました。現象の背景にある「理論」を知りたいと思うようになるきっかけですね。

それと、当時、『宇宙戦艦ヤマト』というテレビアニメが流行《はや》っていて、私も大好きで欠かさず観ていました。そこに出てくるワープや未知の星の様子など、本当にワクワクしながら観ていたのを覚えています。宇宙へのあこがれが私を理系に導いたともいえます。

子どものころは、実はちょっと変わった少年でした。周囲になんとか自分を合わせようとしていたのですが、どうも標準規格外だったようで、あまり馴染《なじ》めなかった。表面上はうまくやっていたような気がしますが、精神的には孤独感を感じていたことのほうが多かったと思います。

そして、嘘をついたりごまかしたりするような大人が嫌いで、学校の先生にも不信感や反抗心を持っていました。たとえば、勉強していてどうしても納得できないことについて先生に質問しても、「私にもわからない」「とにかく公式を覚えなさい」などと言う人もいた。子どもだったので、先生だからといって、すべて知っているわけではないということに驚いたし、わからないことをそのまま覚えるなんて納得できなかった。このとき私は、学校の勉強とは独立して、自分で自分のやりたいように勉強しようと心に決めたのです。

いつもひとりで勝手な勉強をしているから、周囲からはかなりヘンなやつだと思われたと思います。小学校、中学校ではいじめにもあいました。今は明るく生きていますが、当時はある意味で暗かったですね。

それでも高校生になると一転、校風が自由で楽しかったです。みなさんの参考には全然ならないことだけれど、私はあいかわらず先生から教えられるのが嫌いで、授業中、ずっと耳栓をして自分の勉強をしていたこともありました。それがバレちゃって教科書の角で頭をたたかれて、「授業を聞け！」とどなられても、「いや、自分で勉強したいから」と答えるやつだった。とんでもないね。

途中からはひとりだけ席を後ろに向けて授業を聞かずにいたこともあります（笑）。先生からすれば、さぞかし扱いにくい生徒だったと思います。

――「自分の勉強」って、何をしていたんですか？

大学のいろんな本を読もうとしていたね。高校1年生のときに高校の勉強はほぼ終わっていたから。

――えぇ……!?

どうも先を見たいっていう気持ちが強いのかな、1年のときに3年までの教科書を先輩に貸してもらってザッと読んだ。その後、大学ではどんなことをするのか知りたくなって大学の本を読んでみたら、突然難しくなる。大学の教科書には挫折《ざせつ》して、高校3年ぐらいの人たちが解いている『大学への数学』（東京出版）という難しい月刊誌があるのですが、それが大好きで、1日1問、ものすごく難しい問題を朝から晩まで考えていました。

胸ポケットに常にひとつ、難問を入れて持っていたんです。解答はぜったいに見ない。いちばん長いときは、1年間見なかったかな。

高3の最後のほうでは問題をつくっていました。問題をつくるって、解くのよりずっと勉強になるんだよ。「2次関数の難しい問題をつくってやる……」と考えているうちに、いろんなことが吸収できる。10問解くより1問つくるほうがはるかに多くのものが身に着いていく。

とにかく、当時は無茶苦茶やっていた。私は本当に先生の言うことを聞かなかったタイプだと思うので、今でも生徒に「授業を聞け」なんて言えません。私が聞いていなかったから（笑）。

実は、教科書も買っていなかった。だから私にとって学校の期末テストでよく出ていた教科書の穴埋め問題なんかは、すべてその場で考えて解かなければならない応用問題なんです。みんなが知っている暗記問題は周囲にだいぶ負けていたけれど、おかげで応用問題がどんどん強くなっていきました。おのずと自分の思考力に自信がついてきましたね。

数学で、社会の役に立ちたい

現役では東大に落ちて、いったん早稲田大学に入ったのですが、翌年、東大をもう一度受験して、合格しました。もちろんリベンジしたいという気持ちもあったし、国立の東大のほうが学費が安いので、親孝行したかった。

大学入学時は、天文学をやろうと思っていました。これも『宇宙戦艦ヤマト』の影響です。けれど、宇宙を見てその神秘にひたるというよりも、宇宙について数式を使って考えているうちに、式そのものに惹《ひ》かれていき、数学をもっと勉強したいと思うようになったのです。

でも、数学科に行くと、ぜったい就職先がないと思った。数学者って、仙人にたとえられたりするでしょう。社会との関わりがあまりなさそうなイメージでしたから、親も乗り気ではありませんでした。

それで、数学が使えて宇宙に関係していて、さらに社会と接点がある、航空宇宙工学科というところに入りました。理論が好きという気持ちだけではなく、世の中の役に立つことがしたいという思いも強かったんです。

たぶん、こういう経歴の人はあまりいないと思うけれど、私は数学と物理と工学、すべての研究室を経験しました。大学院では、航空宇宙に所属していながら、数学の研究室のゼミに出たり、物理系の研究室にも出入りしていた。ということで、これまで数学や物理について、分野にこだわらず、いろいろなことを見てきました。

そこで感じたことが、大学院に入ると、どうしても専門性を高めることに多くの時間をとられる、ということです。そのため、隣の研究室でさえ何をしているのか、さっぱり理解できなくなっていくこともある。近い分野の専門家でも理解できないことをずっと一生研究していくことに対して、これでいいのだろうかという思いがだんだん強くなっていきました。

それに、数学はふつう、実社会で使われるまでに百年以上かかるといわれているのです。

それでは自分自身で成果を確認することができませんね。それでもいいという人も、もちろんいますが、私はできれば直接役に立っているところを見たいと強く思っていました。数学とも関わりつづけたいけれど、その成果は最終的には社会に還元したい、しかも自分が生きている間にそれを見届けたいという葛藤《かっとう》に悩み、体調がおかしくなったこともあった。

自分が研究している数学をいかに役立てるかということを考えつづけて、やっと見つけ出したのが、交通渋滞や人の混雑を数学の力でなくしていくという「渋滞学」です。これはまた授業の後半でくわしく説明しますね。

体育会系の「ど根性」を数学に

数学には、みなさんが思い描いている以上に広がりがあります。さっき、「数学は機械的で冷静」と言ってくれたけれど、そんなイメージを持っている人が多いと思う。確かにそういう一面もあるよね。でも、数学って決して冷たい無機質なものではなくて、実はすごく血の通ったものなんです。ユーモアだってある。

今回の授業では、数学の力を伸ばすために大切なことをお話ししながら、みなさんが抱いている数学のイメージが変わっていくような話をしていきたいと思っています。

ところで、私は高校ではサッカー、大学ではラグビー部に入って、ずっと運動をやってきたのだけれど、この中でスポーツをやっている人はいる？

――自転車ロードレースをやっています。

――バドミントン。

いいね。どちらも耐久力が必要なスポーツです。スポーツをある程度やっていくと、必ず壁があらわれてくるけれど、それを乗り越えるには精神力が必要だよね。数学って、その感じと近い。最初は楽しいかもしれないけれど、必ずつらいところがある。

問題が解けなくて、「ああ、つらい、もうこれ以上は計算できない……」と詰まるときは、スポーツで「もう駄目だ」と感じるときと一緒。それを乗り越えられるかどうかは、教えられるものじゃなくて、体育会系のど根性があるかどうか。そこでグッと差がつきます。

だから、スポーツをやっている人は、その力をうまく数学につなげると一気に伸びる。もちろんスポーツ音痴だって大丈夫。たとえば山登りしていて、途中、「つらいな、もう下山しようかな」と思っても、最後まで登りきるような人は数学に向いている。

私は大学時代のラグビー部では、フォワードの3番でした。スクラムを組むと後ろから押されるんだけれど、ぜったい体を張ったまま耐えなければいけない。そうじゃないと背骨が折れるんです。限界まで耐えて耐えてグッと踏んばる瞬間が、なんかね、研究をしているときと同じなんです。みなさんにはまだわからないかもしれないけれど、それをつかめると強いですよ。

たとえば難しい問題がどうしても解けないとき、ある程度考えると、人間って疲れちゃうでしょう。もういいやって、答えを見てしまう。でも、これからは絶対答えを見ないでほしい。

あの手この手で解こうとする、そのトレーニングが思考力になるのです。チーム戦をやっている人はわかると思うけど、どう攻めても相手のゴールにたどり着けないとき、じゃあ右から攻めてみるか、左からか、それを考えているのと同じなんだよね。

数学に向いていない人って、本当はたぶんいないと思う。限界までワーッとがんばる瞬間って、みんなどこかで、きっとあるはずだよね。その瞬間と同じものを、数学で感じてほしいし、味わってほしいと思っています。

論理の階段、どこまでのぼれる？

それでは、数学とは何かという中身の話に入りましょう。数学では「公式」という言葉がよく出てくるよね。「公式に当てはめて」っていうやつ。これはね、一言でいうと論理なんです。「AであればB→BであればC→CであればD」というのは論理だよね。たとえば「お腹がすいたからご飯を食べる」「睡眠不足で眠い」、こういうのも一種の論理だと考えることができます。

私はたまにテレビに呼ばれると、ディレクターから「先生、番組で発言するときは、1段で説明してください」と言われたりします。これはどういうことかというと、「AであればBだ」で終わってください、ということです。

大学の先生というのは話が下手なので、「AだからB、だからC、よってDではなくEだ」ってしゃべるわけ。かなり集中して聞いていないとわからなくなる。それに話が長い人って、聞いていて疲れるよね。校長先生とか、長いでしょう（笑）。

でも、「AだからBだ」の1段で終わる説明は、ほとんど何も考えていなくてもわかっちゃう。私はいつもテレビでも2段ぐらい入れるんだけれど、そうすると必ずカットされてしまうんですね。

「AだからB」の段数が増えていくと、だんだん複雑になってわからなくなりますが、さて、みなさんはこれを何段ぐらい耐えられますか？　実は、数学ができる人というのは、

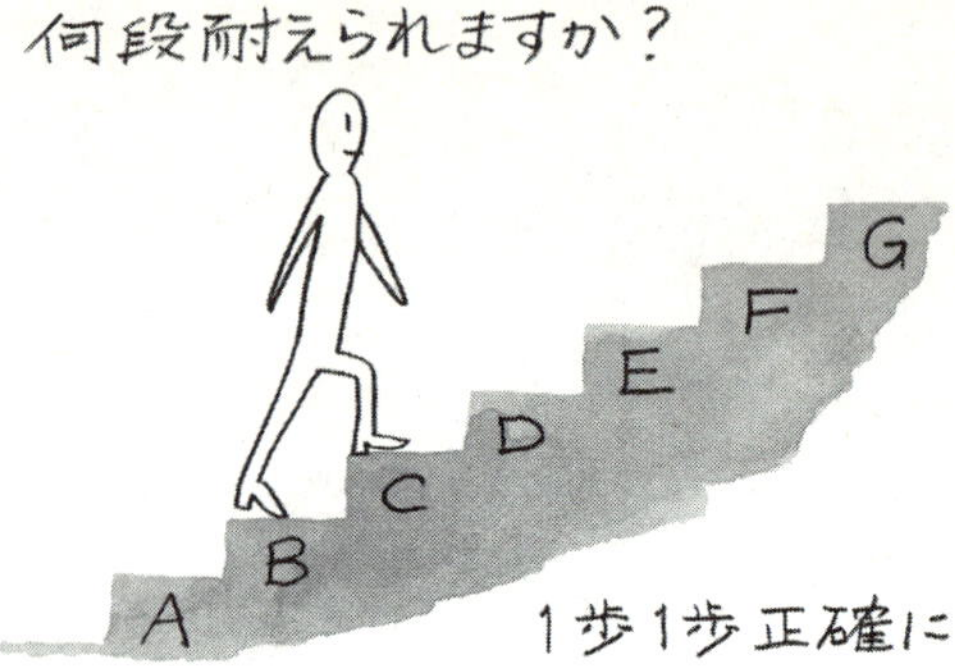

これが1万段ぐらい耐えられる。10万段ぐらいいける人もいます。そして、その一個一個を非常に正確にトントントントンとのぼっていけるのです。何段で結論にたどりつけるか、この手順が大事。将棋でも同じだよね。将棋や囲碁をやる人はいる？

——はい。

自分が打つ、相手が打つ、その後自分が打って……と、何段ぐらいまで先を読む？

——2、3段くらい。

君は？

——相手を入れて10くらい。

すごいね！ それが「読める」ということです。これは人生そのもの。男女の駆け引きもそうでしょう。自分がこうすれば、相手はこう感じるはず、それでこういう反応が来たら自分のことを好きだ……みたいな勘違いとかね（笑）。

その論理が合っているかどうかは別として、みんな、ある程度は読むわけです。これをどれだけトレーニングできるかが、数学の細かい話よりずっと大事で、数学ができるようになる近道なのです。

わけのわからないものを、どんどんつないでいく

ちょっと、このトレーニングにつながる遊びをやってみましょうか。私が小学生のころからずっとやっている言葉遊びなんだけれど。

ひとりずつ小さな紙をたくさん配るので、そこになるべく関係のない短い文章を書いてください。本当になんでもいい。

「お腹がすいた」とか「かわいい犬を見た」とか。それを集めて、みなさんに2枚ずつ引いてもらいます。そして、その2枚を無理やりつないでストーリーをつくってください。

まったくかみ合わないふたつの文章を、何段使ってもいいからつなげる。つなぐときは、ぜったい正しいと思うこと、誰もが納得させられることでつなぐ。ここにいる全員を納得させてください。それと、人をどれだけ楽しませられるかも考えてみよう。

お腹がすいた

かわいい犬を見た

無理やりつないでストーリーをつくる

——感情は使ってもいいですか？

感情でもいいです。なるべく論理で押してほしいけれど、遊びだし、飛躍があってもいい。簡単につながる2文を引いてしまって1段で終わっちゃったとしても、間にもう1段入れてみてください。「こうだった。次にこうなった。だからこうなった」と短文でつないでいく。

……今、みなさんの頭の中で何が起こっているかというと、全員が知っていることを思い浮かべているはずです。「これだったらこうなるだろう」というのを集めてつないでいる。

私はいつもこの遊びをやっていたのですが、そうすると自然に応用問題が解けるようになる。いろんな発想を繰り出せるようになるし、ふだんからムチャクチャなことをつないでいるから、多少のことではビビらなくもなる（笑）。

じゃあ、そろそろ何人かに発表してもらおうかな。引いたカードを読み上げてから、答えを言ってください。

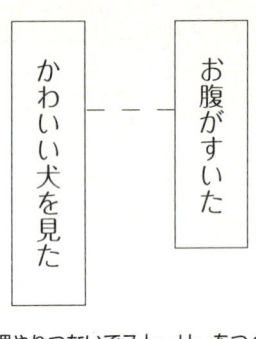

――「散歩に行った」と「よくわからない話を聞いた」。

面白そうだね。じゃあ答えを。

――散歩に行ったときホームレスの人に会った。そのとき、ホームレスの人から、「食べられるものと食べられないものの見分け方について」という、よくわからない話を聞いた。うまいね。よくわからない話の具体例を出したのが良い。それで説得力が増すわけです。

――「休んだ」と「猫がいた」です。道端に猫がいて、とても可愛らしいので家に連れ帰った。その後、一緒にじゃれているうちに時間を忘れ、次の日は仕事があったけれど休んだ。

とても自然につながっていますね。じゃれて遊んで猫と一緒に休んだ、とかで終わらせずに引っ張って、2、3段付け加えたのが良い。段数が多いと論理的に考えているんだなということがわかります。

――「ジュースを飲んだ」と「天井が落ちた」。ジュースを飲んでいて、その缶を置くと缶が震えていることに気がついて、その瞬間、地震が起こっていることにも気づいて、上を見上げると何かが迫ってきて、天井が落ちた。

面白い発想だね。ジュースの水面の振動を思い浮かべたというのが、つなげた論理として非常に物理的。今の話、映像が浮かぶでしょう。みなさんの頭の中で、映像が浮かんだら勝ちです。動きがあって想像する、その感じ。

映像が浮かぶと、人はだいたい説得されてしまうのですが、数学の論理の中には、実は映像も入っています。このことは次回の授業で、またお話しします。

こんなふうに、一見わけのわからないものをどんどんつないでいくのが数学でも大事です。ふたつの概念をどれだけ論理的に精密につなげられるか。これが数学力の向上に最も効くといってもいい。

方向は無限、答えもひとつじゃない

世の中において、数学の一番大事な役割のひとつが「予測」です。今から天気がどうなるか、来年の景気はどうなるか、次に大地震が起こるのはどこかとか、いろんなことを予測できたら神様ですよね。人間が予測するとき、一番使うのは神様なんだけれど（笑）。

予測するときは、ゴールに何が出るかわからない。今の遊びでは、最後の答えがある状態でつなぎ方を考えていったけれど、答えがないときは、はじめから一歩一歩たどっていくしかない。たとえば10年後、日本が、地球がどうなっているかというのは、論理を使って一歩一歩予測していくよね。そうすると、どこにたどりつくかというのは人によって違います。

数学は、一個一個の積み重ねは正しくやらなければいけない。だけど、方向は無限にある。「Aが正しい」そして「Bも正しい」もあるかもしれない。階段の一つひとつが正しければ、違う方向に飛んでいってもいいわけです。

だから、はじめに「数学は答えがひとつ」と言ってくれた人がいるけれど、実は、ある程度までいくと、答えはひとつじゃなくなる。1段ずつの論理は1個しかないけれど、仮定や条件による枝分かれはいくつあってもいい。枝分かれがたくさんあれば、答えもたくさん出てくる。そして、どういう条件が成り立てばどの答えになるのかを整理するのが数学です。

みなさんは高校1年生、数学を習いたてだよね。今、みなさんが何を習っているかというと、この1段1段の「積み立て方」を教わっているのです。式変形というのはこれのこと。正しい式変形を学んで、論理の階段をのぼる武器を手に入れている段階です。我々ぐらいになると、いろんな種類の武器を持っているから、「このルートがダメだったら、次はこっちに行ってみよう」とか、いろんなことができる。

今回は、大学の数学まで使って、様々な論理や飛び方を教えます。数学という道具を手にすることでどんなふうに飛んでいけるか、頭の中でそんなイメージをつかんでほしい。

次の一手を踏み出せるかどうか

論理の次にみなさんにやってほしいのは、工夫です。詰まったときに次の一手を踏み出せるかどうか。ありとあらゆることを工夫できれば、いろんな手順で論理の階段をのぼっていけるようになる。この過程を実際に体験してみましょう。

ノートにふたつの点を書いて、この2点を定規で結んでみてください。

この線は何を示しているかというと、ふたつの点の最短距離だね。曲げるより、ピンと張ったほうがぜったい短い。

さて、この論理を使って、今から問題を解いてみてください。

一辺10センチの正方形になるように4つの点を書きます。この4つの点のすべてを線でつなぎたい。そして、つないだ線の長さが、一番短くなるようなつなぎ方を考えて、定規で測ってみてください。

たとえば4つの点をみなさんと友達の家だと思ってください。この4軒まわるのに道路が必要で、なるべく早く全部の家にたどりつける線を見つけたい、という問題です。これは、電子部品に使われるプリント基板（電気回路の配線がプリントされているボード）の配線の長さをいかに短くしてコストを抑えるか、などという現実の問題とも関係していて、実際にいろんなところで使われる話です。

どう結んでも、なんでもいいよ。線は何種類か引いてみてください。

……だんだん数学っぽくなってきたでしょう（笑）。どうかな。わかった人、いる？

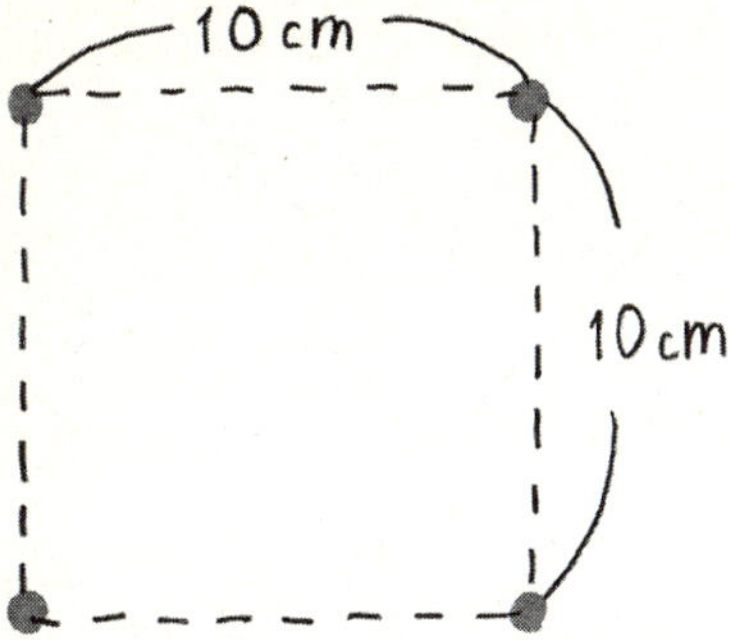

問　4つの点をつなぐ最も短くなる線を引いてください

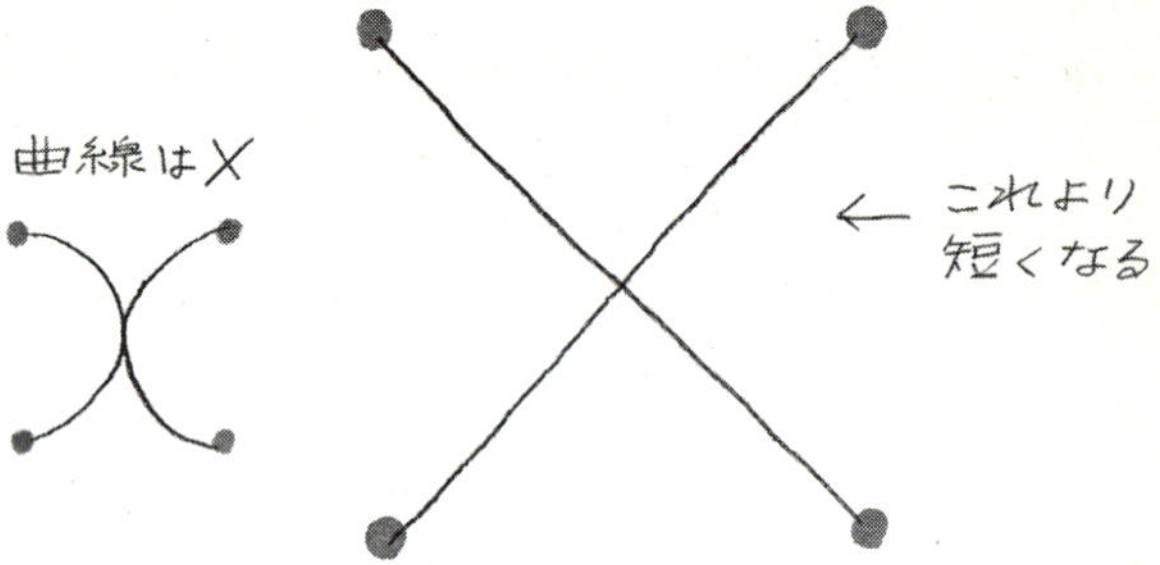

何となくの予想

――……バッテンの道路？

そうだね、まずはそう考えると思う。一番短い直線だからバッテンなんじゃないかと。でも、答えはこれではありません。これより短いものがある。

最短距離は、なんとなくバッテンのような気がすると、みんなが思う。その、みんなが「こうだろう」と思うのを否定するのが数学の力強さです。数学を使うと、なんとなくの常識を破ることができる。

まず、対角線はどのくらいだった？

――28・3センチ。

これよりも短ければ正解。難しいからできなくてもいいけれど、試行錯誤してみてください。どうかな？　これは計算するとけっこう面倒なので、直観でポンと。

——う〜ん、ちょっと丸くするとか……。

いや、そうすると曲線になるから長くなるね。直線しか使わない。……ザッとまわって見たけれど、ひとり、きわめて正解に近い人がいます。みんなで見てみましょう。

36ページの図のようなつなぎ方ですが、バッテンじゃなくて、線が中央に1本入っている。答えはこれです。線の長さは27・3センチ。

ポイントは、縦の線と交わるふたつの線の角度が120度だということです。120度にして結ぶと、対角線より短くなる。

最短距離は、お互いを結ぶ直線だって思うかもしれないけれど、実はトータルの距離はこれが最短なのです。斜めの点ふたつだけだと、正解の線をたどると長くなる。でも4点を結ぶトータルでは、対角線より短くなるのです。

その理由は、まん中の縦のまっすぐな部分は、対角方向に進むふたつの道路で共通に使われるから。37ページの上の図のように2点のときは直線でないと損するけれど、4点の場合は共通で使われる部分があるために、合計ではこの折れ線のほうが短くなります。37ページの下の図で上下のVのかたちを見ると、点線の対角線より、実線のほうがだいぶ小さいでしょう。まん中の縦の線を加えても、こちらのほうが短い。

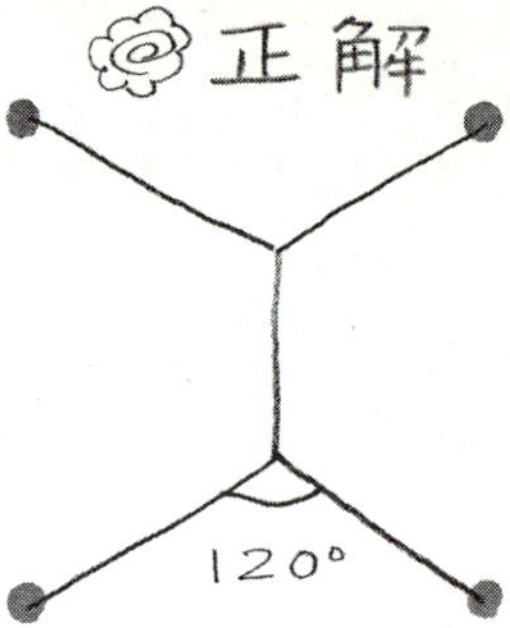

正解

対角線が一番短いだろうって、みんながなんとなく思っちゃう。なんとなく感じることって、ある程度は正しいけれど、間違いを犯すこともある。その間違いを犯す部分に数学を使えばいい。

――どうして120度なんですか？

数式をきちんと解いて最短距離を計算すると、120度という角度が出てくるのです。実は、みなさんが高校3年生で習う微分《びぶん》・積分《せきぶん》で、この計算が正しくできるようになります。微分・積分は次回にお話ししますね。

それにしてもこの発想まで行ったのは素晴らしい。どうしてこの線を描こうと思ったの？

――もともとの対角線から、あまり外れた線を思いつけなくて、なんとなく近いのを探してみました。

そう、それがすごく大事。みんながバッテンだと思うんだから、たぶん正解は近いはずなんだよね。そのとき、ちょっと線をずらしてみるとか、正解に近そうなところから工夫する。これがブレイクスルーが起こる一歩です。

きっと正解にたどりついたとき、なんとなく手が動いたんだと思う。これも大事で、頭の中でモヤモヤしているんじゃなくて、できるだけ全部吐き出すこと。手を動かす、あるいは体を動かす。

私も研究しているときはウロウロ歩きまわりますよ。足を動かすと頭が活性化するんです。だから、わからなくて詰まったときは歩いてごらん。本当はテスト中だって歩きまわっていい（笑）。とにかく体を動かして吐き出して、何か目に見えるかたちのあるものにしていく。

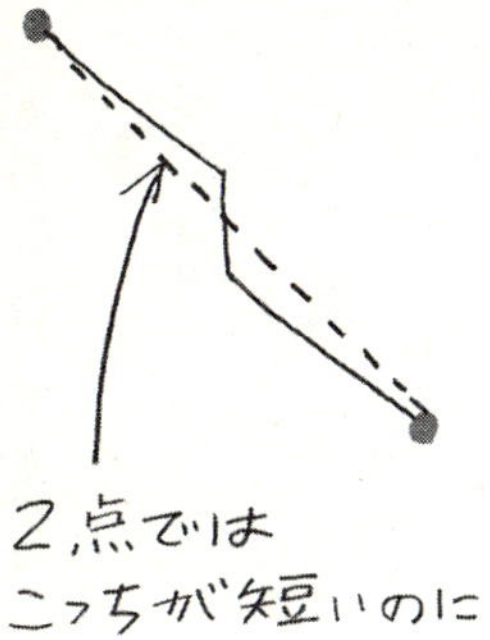
2点では
こっちが短いのに

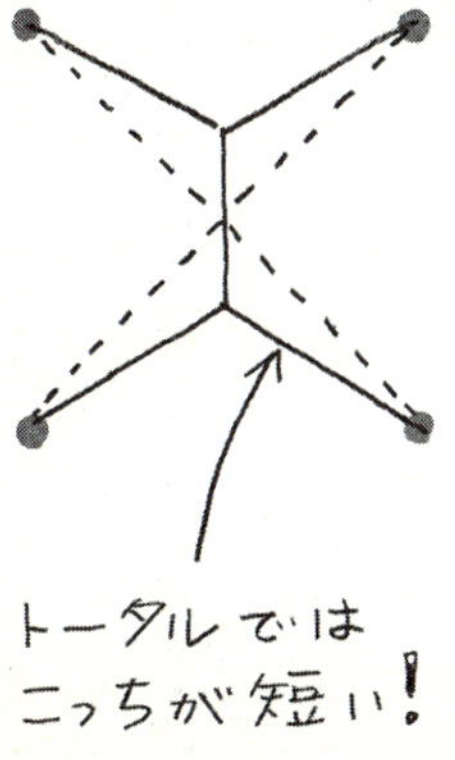
トータルでは
こっちが短い！

「真面目」と「不真面目」を行ったり来たり

数学の場合、スタートとゴールは、なんとなくわかっている場合が多い。ゴールは「仮説」とか、「コンジェクチャー」などということもあります。そして、途中までは証明できるけれど、半ば以降がわからないということがよくあるのですが、こういうものが「未解決問題」です。

途中でたどる道が見えなくなったとき、別のつながる道にポーンと飛べるかどうか。これには直観が必要です。数学ができるようになるためには、論理だけじゃなくて直観がないといけない。

さっき正解を出してくれたように、よくわからないけれどやってみようって、知らず知らずのうちに答えにたどりつく。そのときの直観が「飛び」です。で、1回飛べたら、その後に「論理」になる。

昔からそうだよ。最初から論理があったわけじゃなくて、数千年前からいろんな人たちが試行錯誤して、やってみたらうまくいっちゃった、みたいなもので数学はできている。頭の良い人がスラーッと全部解いていくのではなくて、あのガウス、オイラーという数学者たちだって、今から見れば証明を間違っていることもある。悩んでいる中で飛んで、それを後の人たちが、「ガウスがこう飛んだけれど、それはつまり……」と後からつないでいく。着地点が見えたら、後は誰でもできるのです。

今、4点の最短ルートのかたちを、なんとなくわかった人がいた。その後、隣にいる君が折れ線の角度をきちんと計算して、「120度だ！」と気づくかもしれない。そうして答えにたどりついていくのです。

それと、数学を使えるようになる人って、ユーモアセンスのある人が多い。遊びながら柔軟に論理と直観を行ったり来たりするのですが、アメリカ人の数学者であるジョン・ナッシュは、これを天才的に使い分けた人だと思います。ナッシュは、人間行動のジレンマを数学で研究することでノーベル経済学賞を受賞したのですが、彼は21歳のときにノーベル賞のもとになったアイディアを発表しました。彼が思いついたのは、バーに友人と遊びに行ったときだったといわれています。

バーに3人の女性がやってきて、ナッシュと友人は彼女たちをナンパしようとしました。そのとき、3人のうちのひとりがとびきりの美人だった。もちろん美女の競争率は高いので、全員でその彼女を狙った場合、誰もうまくいかない可能性がある。一方、その彼女をあきらめて、それぞれが別の女性を口説けば、みながナンパに成功するかもしれない……。

こういうことは、誰でも一度は考えたことがあるでしょう。ナッシュはこの妥協案に気がついたことで、その後、「ゲームの理論」という人間関係を分析する数学において、ある革命的な理論を構築することになるのです。

――ナンパの妥協と数学の理論がつながる……？

そう。彼は自分ひとりの利益だけでなく、全体の利益を考えたときのジレンマを、数学でうまく表現したのです。次回、またくわしくお話しします。

そしてこの功績は、その後現在にいたるまで、生物学や社会学など様々な分野で応用されています。彼のノーベル賞受賞はアイディアの発表から45年も後のことでした。その数奇な半生は、映画『ビューティフル・マインド』に描かれているので、興味がある人はぜひ観てください。

ナンパの最中にアイディアを思いつくというように、あるときは真面目に考え、あるときは柔らかく不真面目に考えるということですね。それができる人は強い。

数学に限らず、理系の学問では、こういう頭の使い方をしているのです。

数学の地図を頭に入れる

それでは、みなさんがこれからどんな数学を学んでいくか、大学の数学ってどんなものなのか、簡単な地図を描いてみましょう。こういう骨組みを頭に入れておくと知識を整理しやすくなります。

高校では微分・積分を習いますね。あとはベクトル、図形、三角関数、方程式、二次方程式、三次方程式……たくさん習うと思うけれど、これがどうなるかというと、大学になると3つになるのです。つまり、「代数」「解析《かいせき》」「幾何《きか》」という数学の3本柱に集約されます。

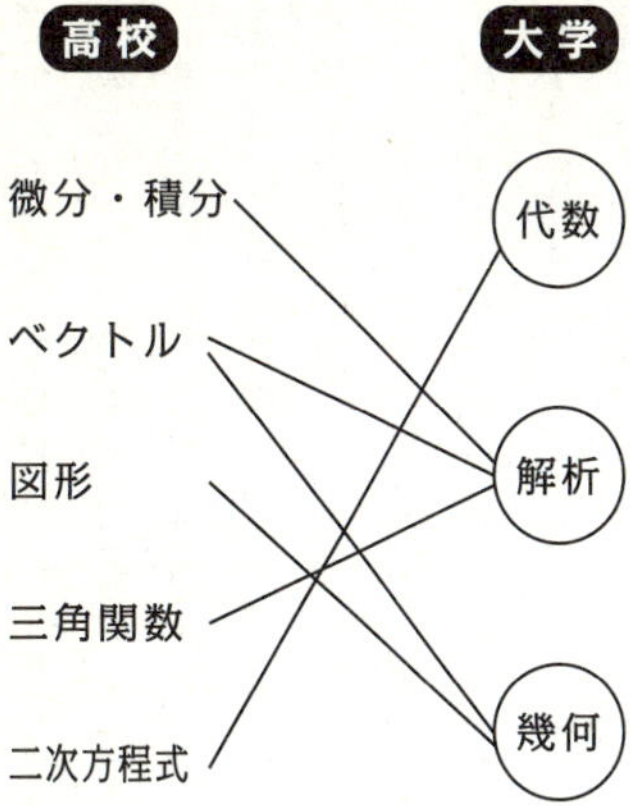

高校ではこういった分類で習わないから、いっぱいあるように見えるけれど、たとえばベクトルは幾何や解析に属しているし、三角関数は主に解析に属している。方程式は代数、図形は幾何、微分・積分は解析など。最終的に、今みなさんが勉強しているのは、3つのどこかに入ります。

「代数」は数のかわりに様々な文字をうまく用いて方程式を扱ったり、物事を分類したり、あるいは対称性や規則性について整理するものです。すべての自然数は、偶数か奇数のどちらかに分けることができますが、これも代数ですし、クラス対抗で野球のトーナメント試合をする際に、いったい全部で何試合するのかを数えるのも代数。その他、二次方程式の解の公式も代数に含まれます。

「解析」とは、微分・積分と、そこから発展した分野の数学です。実社会への応用を考えると、一番大事なものは解析だと思います。

解析は数のイメージの代数よりも、より細かく対象を見る。代数の対象を「つぶつぶ」の世界というならば、解析はそれをさらに細かくスライスして調べる。線路のとびとびの枕木でなく、その間にたくさんある細かい砂利にも注目しているイメージです。

細かく分ける操作が微分で、その分けたものを再びくっつけて全体を把握するのが積分です。ちなみに微分は、私が一番使っている武器なんですよ。

「幾何」は最も古くから発達した、図形や空間の性質を研究するものです。もともとは土地測量術から発達した学問で、たとえば平野の地表はなだらかで、山岳部では急激に勾配《こうばい》が変化しますが、その変化の様子をきちんと式や数値で表したりします。

また、絵画の遠近法は、現代の幾何学の源流になっています。最近ではコンピュータのグラフィックス表示にも幾何学が使われていて、みなさんが楽しんでいるゲームにも役だっている。

なお、実際にはもうひとつ「確率統計」という分野がありますが、これは解析の一部に入ることもありますし、その応用分野として分類されることもあります。ここではシンプルに、代数・解析・幾何の3つで整理しておきましょう。

みなさんが勉強していることは、この3つのどこかに入ってどんどん高度な数学になっていく。これが大学で勉強する数学のイメージです。

数学で手品ができる？

さて、代数ではじめに勉強するのは「群論《ぐんろん》」という数学ですが、これから群論を使ったトランプ手品をしてみようと思います。

ここに、10、J、Q、K、Aの5枚のカードがある。ハート、スペード、ダイヤ、クローバーの4種類のカードを用意して、それぞれ順番に並べます。

これをいったん44ページ下の図のように全部閉じて順番に重ね、裏返しにして、今から切っていきます。ただし、この場合の「切る」というのは、45ページの図のように好きな

10からAまでのカードを
マークごとに並べる

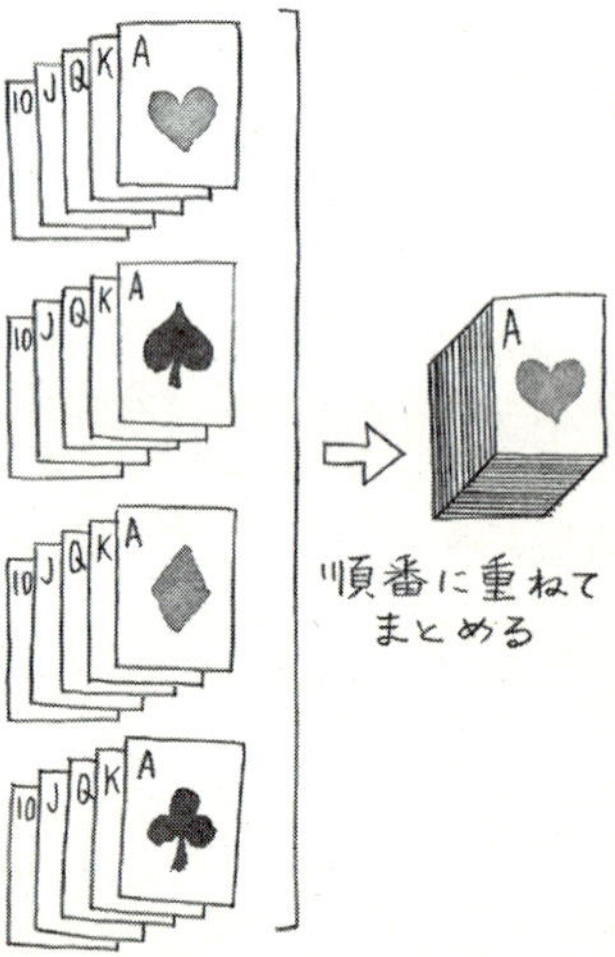
順番に重ねて
まとめる

ところでふたつに分けて、一方を上に重ね合わせるということです。どこで切っても、何度切ってもいい。

……今、何度も切ったので、これで順番はぐちゃぐちゃになったはずです。

じゃあ、切った後のカードがどうなっているか、見てみましょう。1枚ずつめくって左から右へ横1列に順番に、置いていきます。

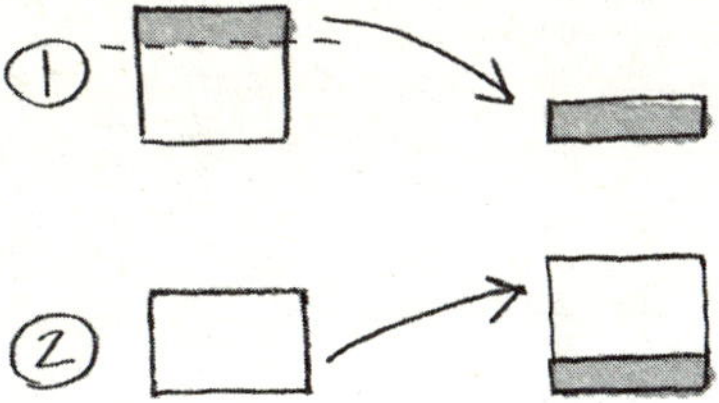

数回、適当なところでふたつに分けて切って上にのせる

５つの山は、すべて同じ数字に

そして5枚出したら6枚目は1枚目の上に、7枚目は2枚目の上に、とくり返して、すべてのカードを5つの山に分ける。すると……切ったはずなのに、5つのカードの山の中はそれぞれすべて同じ数字ですね。

——すごい。

どうしてなのかわかった？　誰でもできるよ。私は何もやっていないので、タネはありません。単なる数学の定理、群論の「巡回置換《じゅんかいちかん》」を使っているだけ。これを考えると、群論のエッセンスの部分がわかっちゃう。

——……？

よく考えると当たり前で、なんの驚きもないことなんだけれど、当たり前だと思った人はいるかな？

——はい。説明はできないけれど、なんとなく当たり前のような気がする……。

きれいにそろうからパッと見たときに驚きますが、本当は当たり前。その仕組みを考えてみましょう。

数字が違ってもイコール？

全部のカードが出てくると大変なので、6枚のカードで説明します。「1、2、3、4、5、6」のカードがあるとするでしょう。これを切るというのは、上から並べて、適当なところで分けて、それを上に乗せるということだよね。

そうするとどうなるかというと、たとえば「4、5、6、1、2、3」になった。どこでもいい、適当なところでまた切ると、次は「2、3、4、5、6、1」。これをくり返していただけだよね。

では、これで何が変わっていないかというと、わかる？

――全体の数字がくる順番？

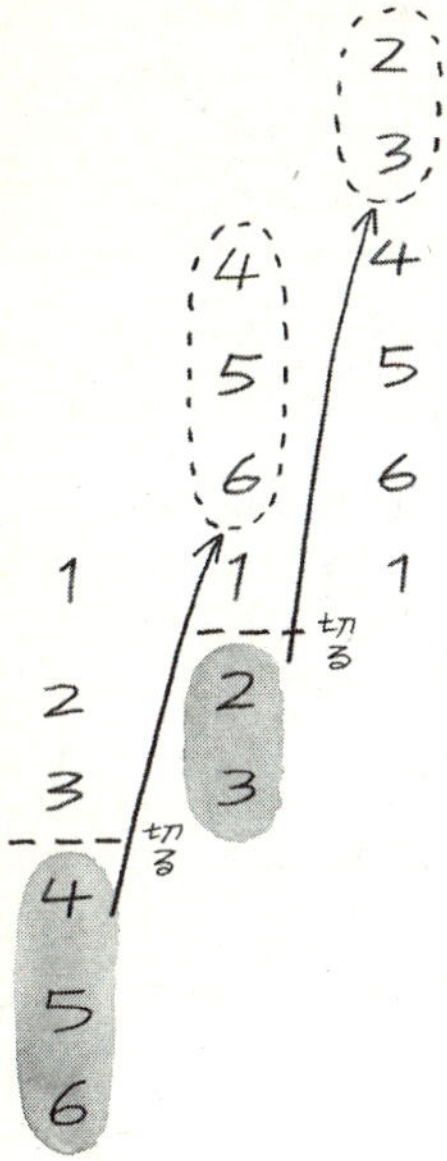

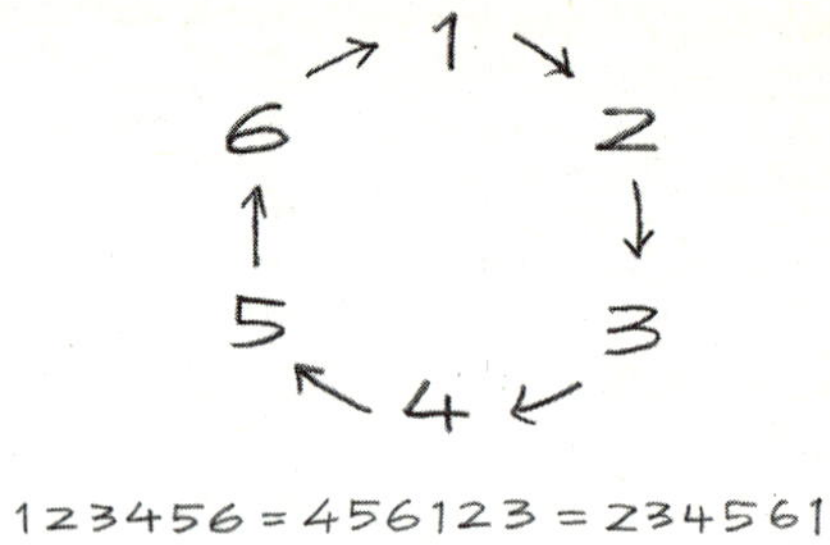

「順序は同じだ」のイコール

そう、順序性が変わっていないのです。1、2、3、4、5、6、ぐるりとまわったイメージを持ってほしい。1の次は2、2の次は3、3の次は4……で、6の次は1。丸いイメージです。3で切ったらどうなるか、4の次は5、5の次は6、6の次は1と順序は何も変わらない。

そうすると、「123456」「234561」「345612」、これが全部イコール、同じだということになる。「数字としては違うけれど、順序は同じだよ」というイコールが「巡回置換」というもの。つまり、ぐるっとまわして順序を崩さない置き換えをする、という意味です。

5の次に1がくるとか、めちゃくちゃに並べ替えてしまうと等しくないので、そういうものはイコールでは結べない。

このように、「同じ仲間なのか」「仲間が違うのか」を分ける、この分けたかたまり一つひとつを「群（ぐん）」といいます。要するに群れのようなものです。こうして群というものを使って、様々なものを分類していくのが群論です。

イコールって、これまで「数字がまったく同じ」という意味で使っていたでしょう。それだけじゃなくて、もっと深い意味があるのです。この場合は順序性の意味でのイコールであって、別に数字が違っていてもいい。

A＝Bといったとき、どういうイコールなのかというのを、このように拡大解釈する。たとえば、「好きな数字」が2と3で、4という数字は「嫌い」だとする。そうすると2と3が好きなほうの群に入って、4は嫌いな群に入る。で、「好き／嫌い」の意味では2＝3。10も好きの中に入っていたら、2＝3＝10。けれど4はノットイコール。ただ、どうしても気になる人はイコールとは別の記号を使ってもいいし、また、状況によっては混乱する場合もあるので、別の記号をあえて使う場合もあります。たとえば、「A～B」などと表します。

――同じ記号のイコールでも、状況によって違う意味を持つということですか。

そう、意味合いは定義しだいで変わってくる。数学用語ではこのイコールを「同値類《どうちるい》」といいますが、同じもの同士、違うもの同士で分けていく。このイコールは、ある判断基準が決まって初めて結べるわけです。

この考え方はいろいろな場面で応用されています。たとえば、物質の性質はその結晶構造、つまり原子や分子のつながり具合で決まります。同じ炭素でも、炭素原子のつながり具合で鉛筆の芯《しん》にもなれば、ダイヤモンドにもなる。同じ結晶構造であれば、同じような物理的性質があるため、そのつながり具合を群に分けて分類します。さらに、どれだけのつながり方があるかを余すことなく見つけることで、新しい性質を持つ物質の発見にもつながるのです。

ちょっと脱線したけれど、この巡回置換がわかれば、トランプ手品の秘密が見えてきます。カードを切る前は、51ページの上の図のように並んでいます。これをどのように切っても、巡回置換になっているので、その順序性は変わらない。

何回か切った後は、たとえば左ページの下の図のようになる。この順番で並んでいるカードを上から1枚ずつ取って5枚机に並べると、Q、K、A、10、Jとなり、そして6枚目はまたQとなり、これが1枚目のQの上に置かれる。このように机の上に置いていけば、最終的に5つの山の中の数字は同じになるわけです。わかったかな。

――順序性が崩れないからぜったい同じものが出てくるんですね。当たり前の理由がわかりました。

そう、そしてこの背後には「群論」がある。このように、トランプ手品でも、群論のエッセンスをつかむことができます。

切る前

切った後

もちろん、実際に勉強するときは記号も出てくるし、難しい数式を解かなくてはならないこともあります。今回の授業では、そうした細かい部分は省くので、興味を持った人はくわしく書いてある本を見つけて勉強してみてください。

数学においては計算や記号も大事だけれど、そうした記号に埋没しないで考え方を学ぶほうがもっと大事です。はじめに、まったく記号や公式を使わずに「なぜか？」を考えてごらん。その骨格になる部分を考えることが、論理と直観を養うことになるし、大きなイメージをつかむための力になるはずです。

次回から、大学で勉強する数学のエッセンスまで手を伸ばし、それを武器として使っていきたいと思います。世の中の現象の裏には様々な数学的な法則がある。数学を使えば、いろんなことが見えてくるし、いろんな問題が解決できるかもしれない。そういうことを一緒に体感していきましょう。

2章

数式から呼吸が聞こえる

抽象力と単純化

前回は、数学に必要な力と全体の見取り図についてお話ししましたが、今日は、私たちの身のまわりの出来事や世の中を、より正しく理解できるようになる、そんな道具となる数学を、いくつか紹介したいと思います。

とくに目に見えないもの——物事の背後に隠されているウソ、未来のこと、人間関係のトラブル、地下深くに眠っている鉱物資源——そんなものを探るときに使える数学についてお話しします。

ところで、この中で、自分は数学が他の教科より得意だと思う人はいる？　恥ずかしがらずに手を挙げて……3人くらいか。みんな奥ゆかしいね（笑）。

ふだん大学で教えている学生と接していても感じることですが、数学ができる人たちには共通した特徴があります。まず、前回話したように論理を追うことができて、非常に注意深いということ。石橋をたたいてわたるように、一歩一歩、「本当にこれでいいの？」と確認する疑い深さがある。

そして、同時に大胆でもあること。いつもは慎重に橋をわたっているけれど、ある場面で突飛な策を繰り出してパッと遠くにジャンプする、そんなイメージです。

さらに能力としては、「抽象力」が大事です。前回、ふたつの文をつなぐゲームをやりましたが、あんなふうに、AとBというまったく異なるものを「同じだ」というのが抽象力なのです。見えている部分だけに惑わされず、AとBの背後を貫いている共通のものを探せるかどうか。

これができる人は数学も強い。まだピンとこないかもしれないけれど、これからいろんな例を出していくので、これらのことを頭に入れておいてください。

ところで、抽象化して物事をとらえているとき、頭の中がどんなふうになっているかというと、実はすごく単純なものしか入っていません。みなさんは、「東大の研究者である西成は、いつも何かとんでもなく複雑なことを考えているのだろう……」と想像しているかもしれないけれど、そうでもない。スタート地点では、たとえば「何かが赤い」とか「フワフワだ」とか、そういうイメージです。

どんなにすごい研究者でも、どんなに難しい方程式をやっていても、発想する瞬間、頭の中にある根本は中学生が言葉にできるようなことだと思います。

1から出発して10がゴールだとしたら、1から3ぐらいまでのアイディア段階の計算は、中学校か、せいぜい高校ぐらいで習うレベルでの式変形をワーッとやってアタリをつけておく。

非常にシンプルなことしか考えていないのですが、逆にいうと、簡単なことでうまくいけば、様々な要素がまじり合っている複雑な物事でも、それが元になって理解できることがあるのです。複雑なものをそのままやっていてもどうにもならないので、単純化しているということだね。

数学者がだまされにくい理由

さて、数学者は用心深いと言ったけれど、だまされにくくなるというのは、数学のメリットのひとつです。

たとえば、テレビで専門家が「年末までには輸出が伸びます」などと、先のことを話しているのを見たとき、みなさんはどう受け取るかな。情報に接したとき、そのまま飲み込んでしまうかどうか。

——ケースによるけれど、すぐには信じないほう。

慎重だね。数学者も同じで、「いや、これはなんか裏があるよ。ウソくさい」なんて言い出す人が多い。というのは、数学が関わっていることなら、背後に何があるかわかっているからです。そのおかげで何をごまかしているかも見えてくる。

私たちが未来を予測するとき、もちろんゴールはわかっていません。その見えないゴールを予測するわけですが、そのためにはいろいろな可能性を検討しなければいけない。最初の状態がAというのはわかるけれど、次の時点で何が出てくるかは仮定によって異なります。

前回の授業で、数学の一番大事な応用は予測だと言ったけれど、神様でもない限り、次に何がくるか「絶対にこうだ」とは言えません。だから、「もしもxなら」、「もしもyなら」と、「もし……」という言い訳がつづくわけです。58ページの図のように「もしもyで、しかも、もしもzだったら2が成り立つ」、「もしもyで、さらにwだったら3になる」などと枝分かれしますが、これが仮定ですね。

たとえば、テレビや新聞で、「2100年には、地球の平均気温は4℃上昇するでしょう」などと見たりしますね。その中には当然、仮定が入っている。

地球の気候の変化は、大気、海洋、陸面など、様々な相互作用によってつくられます。それを加味して、地球の温度変化を予測するのですが、たとえば地球をおおっている雲は、太陽の熱や光をどのくらい反射し、どれだけ伝えるかという割合や、地球に届いた熱がどのような大気の対流を起こすかなど、実はわからないことがたくさんあるのです。そうい

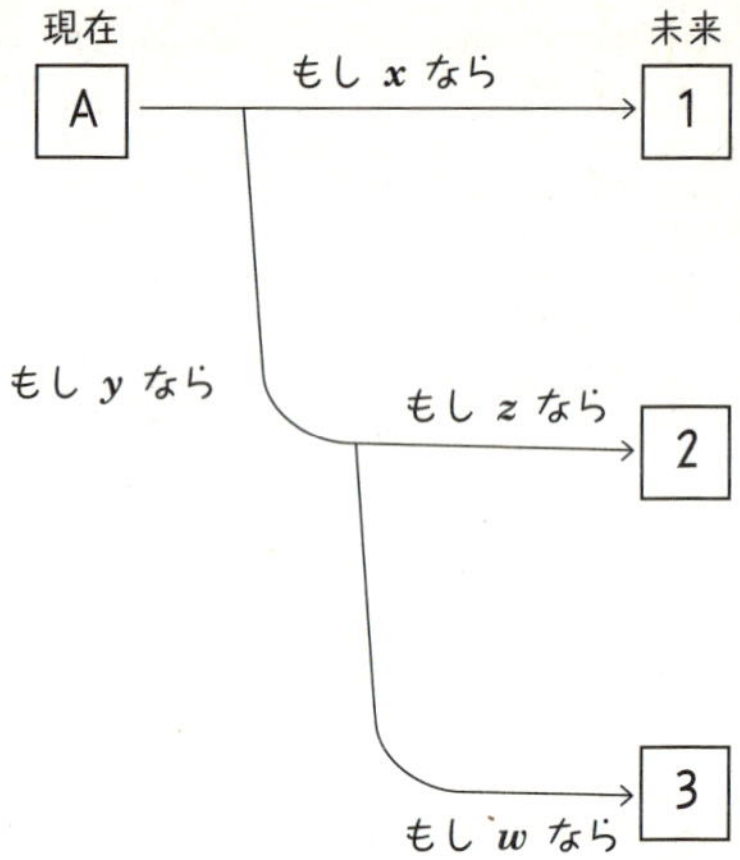

予測の背後には、必ず仮定（もし）がある

う状況の中で、方程式を立てて予測していくので、様々な仮定を置く必要がありますし、研究者によって意見が分かれます。

しかも、天気には「カオス」という数学で解けないものも関わってくるのです。これは数学から見るとガンみたいなもので、カオスが関わると、正確な予測はできなくなる。ですから、予測を研究している人はカオスが出てきませんように……と祈りながら（笑）、研究しているのです。カオスについては、また後でお話ししましょう。

みなさんに伝えたいのは、そういった仮定を見ないで、結論だけを飲み込んでしまうのは危ないということです。だまされてしまう危険性があるし、途中で条件が変わって結論が逆になることって、たくさんあるから。

目撃情報はどこまで信頼できる?

今日は、数学を使うことで見えてくる物事について、いくつか一緒に考えていきますが、まずひとつ目としてクイズを出します。たぶん、みなさんが好きじゃない確率の問題。

――確かに確率は苦手です……。

苦手な人が多いんだよね。実は私も確率を使って研究していますが、あまり好きではありません(笑)。場合の数をかぞえるのは確かに面倒ですからね。今からお話しするのはとても有名で興味深い、ひき逃げ事件の裁判の話です。私が目撃者、みなさんは裁判長だと思って考えてください。

問

ひき逃げ事件が起きた。目撃者である西成は、タクシーが人をひいたと言っている。町には、タクシー会社が2社、A社とB社がある。A社の車の色は青、B社の車は白。西成は「白いタクシーを事故現場で見た」と証言した。

目撃者が現れたのだから、犯人はB社の誰かに決まっていると、ふつうは思うよね。でも、それは本当？　この情報のみで、みなさんは犯人がB社の誰かだと決められますか？

無理だよね。目撃者がいたとしても、この西成という人物が信用できるかどうかという問題があります（笑）。まあ、それはクリアされたとしても、他にどういうことが問題になりそうですか？

——見間違える可能性。

そうだね。実は、事故現場は見通しが悪かった。見間違える可能性もあるということで、目撃者が「Bを（本当に）見た」確率は、ちょっと下がって80パーセントになった。間違えている確率も20パーセントある。

それでも「80パーセントの確率で正しいのだから、やっぱりB社だろう」と思うよね。ですが、まだ見落としているものがあります。何だと思う？

——……？

これをどうしても忘れがちになるのですが、そもそもの大前提の条件で、実は最も大事なものです。何かというと、「そもそもこの町でA社、B社のタクシーがそれぞれ何台走っているか」ということ。「8割、見間違える」ことはわかっても、その前にまず、タクシーを「見る」確率があるよね。

「B社を見た」と言ったとき、町中のタクシーぜんぶがB社のものだったらどうか、B社がたった1台で、残りぜんぶA社だったらどうか。それによって「B社を見た」という意味合いが変わってくる。これを考慮しないで、今、手元にある情報だけから判断するのは危険です。町を走っている、それぞれのタクシーの台数を把握して補正しないといけない。

そこで、タクシーの台数を調べてみると、B社のタクシーは15パーセント、残り85パーセントがA社のタクシーだとわかりました。

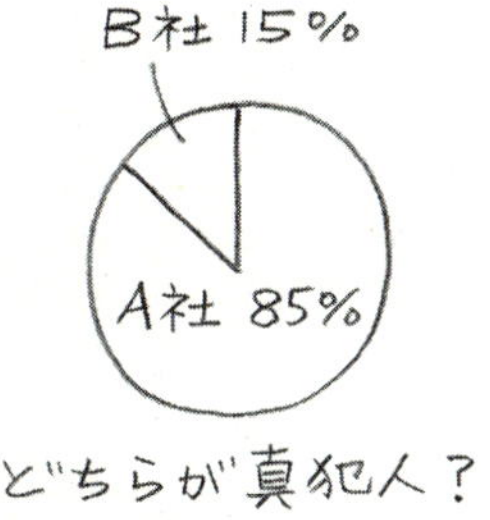

① Bを見て　正しくBと言った。

$$\frac{15}{100} \times \frac{80}{100} = \frac{12}{100}$$

同時に起こるのかけ算

② Aを見て　間違ってBと言った。

$$\frac{85}{100} \times \frac{20}{100} = \frac{17}{100}$$

さて、条件はこれですべてそろいました。

みなさんが裁判長だったら、どちらの会社のタクシーが犯人だと思いますか。

3分間考えてみてください。

＊

だいたい予想がついたかな？　答えだけをいうと、ひき逃げ事件の犯人はA社のタクシーである確率のほうが高くなります。目撃者が「B社を見た」と言っても、数学的には犯人はA社の車のほうなのです。なぜAなのか、それを導いてください。

――「①B社を見て↓B社だと正しく証言した」ときと、「②A社を見て↓B社だと間違って証言した」ときの、ふたつの確率を計算すればいいのですよね。

①の場合、「B社を見る」確率は100分の15。そして、この証言が正しい確率は10

真犯人はB！の確率 ＝ ①正しい「Bだ」 / （①正しい「Bだ」＋②見まちがい「Bだ」）

0分の80。それぞれの確率を掛け算すればいいから、100分の12になる。

②のA社のタクシーを見たのに、証言を間違ったときは、A社を見る確率は、タクシーの数では100分の85、見間違える確率は100分の20。このふたつを掛けて、100分の17。

そうだね。これでもAを目撃したほうが高い確率になるけれど、実はまだ正確な確率は出ていません。ここから少し難しい。「B社を見た」と言ううちの2種類の確率を出すだけでは、答えは出てきません。知りたいのは、本当に犯人がBだったときの確率です。Bを見たと言った中で、本当にBだったときの確率、あるいは割合といってもいいですが、それを出さなければいけない。

つまり、「①Bを見て正しくBと証言」した確率を、「①Bを見て正しくBと証言」したとき＋「②Aを見て間違ってBと証言」したときの確率で割ればいいわけです。これが、真犯人がBである確率です。

$$\frac{\frac{15}{100}\times\frac{80}{100}}{\frac{15}{100}\times\frac{80}{100}+\frac{85}{100}\times\frac{20}{100}}=\frac{12}{29}=41\%$$

41% 真犯人がBの確率

↕

59% 真犯人がAの確率

これを計算すると、29分の12。答えは41パーセントになる。

つまり目撃者・西成が「Bだ」と言ったとき、本当にBである確率は41パーセント。ということは、Aである確率は59パーセントです。だから数学的には目撃者が「Bだ」と言った瞬間に犯人はAになるのです。

――目撃証言がくつがえされるんですね。確かに、こういう数学の考え方を知ってると、物事の見方が慎重になる気がします。

よく、「健康食品でこんなに痩《や》せました!」という広告があるけれど、そういうものにだまされなくなる(笑)。なぜなら、もともと痩せやすい人を選んだのかもしれないとか、背後に隠されている前提に気づきやすくなるからです。

このひき逃げ事件のケースのように、数学の論理をたどることで、誰もが正しいと思ってしまう結論をひっくり返すこともできる。人間の直感が間違えるとき、数学はそれを正してくれるのですね。

ちなみに、これは、「ベイズ推定」という数学の考え方を取り入れた問題です。今回は町中を走っているA社とB社のタクシー台数がわかって、それぞれの確率を出しましたね。しかし実際には、この前提条件がわからないことが多い。そういうときに、何回かタクシーを見ることで、逆にこの前提条件を推定しようというものがベイズ推定なのです。

たとえば、大きな袋の中に赤と青の球が入っているとする。従来の確率の考え方では、「袋の中に赤い球が8個、青い球が2個ある。赤を引く確率は？」と考えていきますが、この赤と青の球の数を「事前確率」といいます。

ベイズ推定の場合は、袋の中にいくつ球が入っているか、どのくらいの割合で入っているかわからない。つまり、事前確率がわからない状態で、赤が出るか青が出るか、引っぱり出してみて、そこで得られた情報から事前確率を推定するのです。わからないものを仮定し、試行錯誤をくり返して袋の中を当てていく。

この因果関係を逆にたどるときに活躍するのがベイズの公式というもので、現象の背後を暴くときに最も活躍する数学の武器といえます。興味があったら、どんどん調べてみてください。

さて、これが解けた人は？　2人いる。素晴らしい！　私が高校生のときにはできなかったよ。

数式から呼吸が聞こえる

数学者や物理学者は、現象を数式で表すとき、イメージをとても大切にしています。数式は無機質な記号に見えるかもしれないけれど、研究者にとっては違う。私もそうですが、方程式を見ると、「ああ、これはこんなことをいっている」と、その呼吸のようなものが聞こえてきたり、風景が動いて見えたりするのです。

そういったイメージが持てるようになると、数学との付き合い方が変わってくる。みなさんも、講義が終わるころには、その感覚を少しでもつかんでくれるといいなと思っています。

それでは、実際に数式のイメージトレーニングをしてみましょう。1章の言葉をつなぐゲームで答えてくれた、水面が揺れるときの現象を考えてみたい。水が入っているコップを揺らしたときのことを、ちょっと思い浮かべてみてください。水面がチャポンと揺れるよね。「この水面のかたちを解きなさい」と言われて、解けますか？

——水面を数式にするということですか？

そう。まず、どういう水面ができるかイメージしてみる。揺すられると大きい振動が起きて、上下に揺れますね。まわりから波が押し寄せてきて丸い波もできる。それが集まってはどんどん消えていきます。

さて、それを「式で解きなさい」と言われたら……。困っちゃうよね。でも、これが解ける。どうするかというと、動くイメージを式にしていくのです。

波が変化して水面が盛り上がるので、この盛り上がりを x と置きましょう。

水面は時間によって刻々と変化しますが、その時間での変化を表すのに、「微分《びぶん》」という操作を使います。みなさんは、まだ微分・積分は習っていないですよね。

——はい。２年生以降で習う予定です。

前回、数学の地図（41ページ）のところで、微分とは「細かく分ける操作」だと言いましたが、これを使いこなせると本当に楽しい。すごい威力を発揮する最強の道具なので、ちょっとくわしくお話ししましょう。

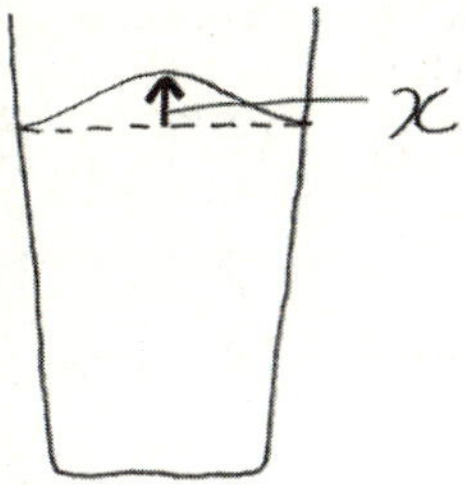

時間とともに x はどう変化するか

スローモーションで未来を見る――微分

微分法は17世紀に、ニュートンによって基礎が築かれ、その後ライプニッツが完成させたといえます。ふたりのうちのどちらが先に発見したかで、当時から争いが起こっていましたが、ライプニッツが「d」という記号で微分を表してから一気に広まり、それを利用して世界の技術は著しい発展を遂げていきました。微分法によって初めて、様々な現象を精密に解く手法が確立したのです。

微分には様々な使い方がありますが、何が最もすごいかというと、未来予測ができることだと思います。それまでは何事も実験して試してみるか、ヤマ勘でしかわからなかったことが、精密に予測できるようになったのです。

もちろん何にでも使えるわけではなくて、人間心理や、不連続に、急激に変化するような現象（材料の破壊など）が関係してくるとうまくいかないけれど、ふつうの自然現象だったら微分を使った式（微分方程式）で、すべて表現できる。とくに物理学で扱っている力学、熱力学、電磁気学、そしてミクロの世界を表す量子力学、また天文学などでも、すべて微分方程式を使って解析がなされているといえます。

２０１０年、７年間で60億キロメートルもの宇宙を旅して地球に戻ってきた小惑星探査機「はやぶさ」も、コンピュータで微分方程式を解いているんですよ。はやぶさが宇宙空間において、他の惑星の影響を受けながらどう動くかを、非常に複雑な微分方程式を解くことで求めたのです。このような計算が可能になって初めて、人口衛星は宇宙に行って帰ってこられるのです。

微分は、「スローモーション」だとイメージするとわかりやすい。スローモーションの映像を見たことはあるよね。時間送りの刻みを細かくしていくと、前のコマと次のコマは、ほとんど同じになるでしょう。実は、ここがポイントなのです。

私たちの目で見て、変化の大きい複雑に見える現象でも、スローモーションにすると、一瞬一瞬はほとんど動きがありません。０・００１秒先と今とでは、ほとんど変化がなくなる。変化が小さいということは、その変化を生み出している要因の影響が小さいということです。

時間を細かくとることで、その細かい時間のあいだは関係してくる要素が少なくなって、ほとんどのものをそぎ落とせる。だから現象の因果関係が捉《とら》えやすくなるのです。

時間をゆっくり動かし、ほんのちょっとの変化を取り出して、それを気長に細かく分け、変化に関係している要因を割り出すのが微分。そして、その、ほんのちょっとの変化、前のコマと次のコマとの差を、気長に積み重ねていくのが積分《せきぶん》です。スローモーションでのコマ送り（微分）を集めて通常再生（積分）していけば、現実の変化をきちんと表すことができます。アニメーションのイメージを持ってください。こうして、一気に将来を見通すことができる。

スローモーションのコマ送りの変化を表すのに、次のような記号を使います。

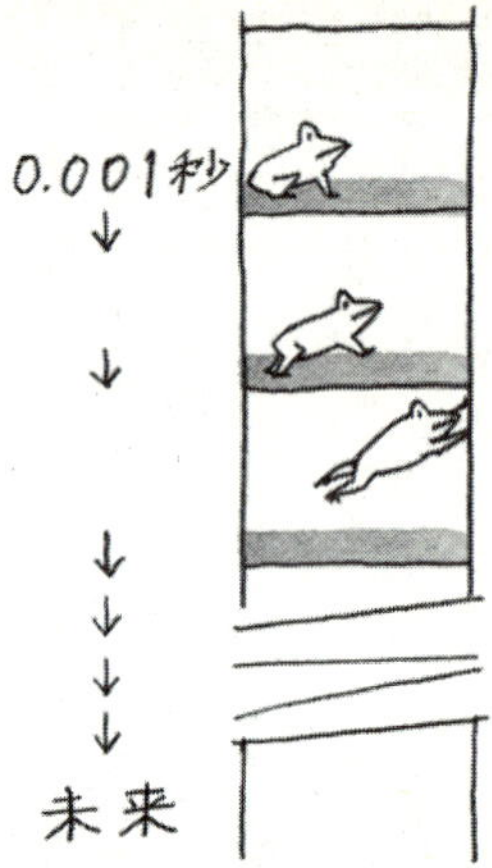

スローモーション（微分）とその積み重ね（積分）で未来を予測する

$$\frac{dx}{dt}$$

d　小さな変化
t　時間

dは、differential の頭文字で、「小さな差」という意味です。

――分母や分子にある「dt」「dx」というのは、それぞれdとxの掛け算……？

この書き方だとわけがわからなくなるよね。掛け算ではないです。dxはひとつのかたまりで、「xがどれぐらい変化するか」という、xの変化量を表す記号だと思ってください。dtも同じく、tの変化量を表しています。微分とは変化の割合（比）のことで、「tが変化する間に、xがどれぐらい変化するか」というのが$\frac{dx}{dt}$の意味です。

数学には、語学のように覚えなければいけない面もあって、数学の記号は語学でいえば単語にあたります。ただ、大事なのは記号そのものではなく、イメージを思い描けるかどうかです。語学も単語を知っているだけではダメで、単語を知らなくても、伝えたい熱い思いを持っている人の身振りのほうが相手を感動させることだってあるよね。それと同じ。

小は大を兼ねる

それでは、この式をスローモーションとしてイメージできるように、もう少しくわしく見ていきましょう。

分母のdtは短い時間の変化を表しているので、たとえば7時から7時1秒とします。このとき変化した時間は1秒で、dtは1となりますが、これは先の時刻（7時1秒）から今の時刻（7時）を引いたものと捉えてください。

分子にあるxは、変化を観察したい対象で、何でもいいけれど、ここではテレビ画面の中の主人公の動きだとしましょう。するとdxは7時1秒のときの主人公の位置と、7時のときの位置の変化（差）を表しています。さて、dxをdtで割り算することで、何がわかるでしょう。

——1秒間でどれだけテレビの中の主人公が変化するか。

そう、つまり、テレビの変化の「速度」がわかるということです。そうすると、2秒後、3秒後は、1秒のときのほぼ2倍、3倍の変化が起こるのではないかと予測できる。1秒

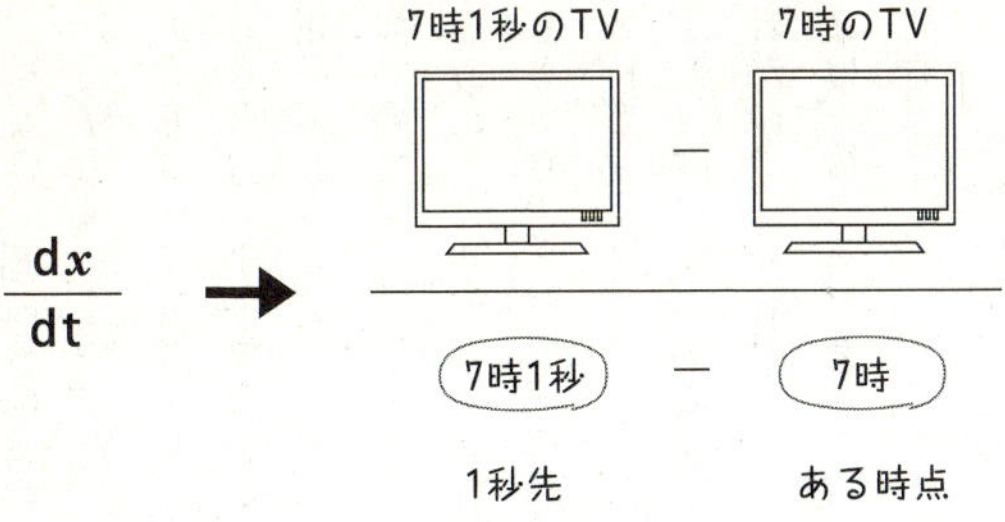

1秒あたりの変化（速度）がわかる

で全体のうちどれだけ変わったか、という単位時間あたりの変化を元にして比をとっておけば、使い勝手の良いものになる。$\frac{dx}{dt}$は、そういう記号なのです。

ところで、今は1秒という単位で考えましたが、この1にあまりこだわりたくない。昆虫の羽ばたきを見たいときは1秒ではなくて0・001秒ぐらいにしないと変化が追えません。逆に植物の成長を見るときは、1日単位でもいいですね。

それでは、*dt*をどう決めればいいかというと、大は小を兼ねる、ということわざがありますが、その逆で「小は大を兼ねる」とでもいいましょうか。とにかくどんな場合でもすごく小さな*dt*にしておけばいい。

植物の成長も、1秒の変化がわかっていれば1日の変化はそれをくり返すことで再現できます。

しかしdtを１週間とはじめから大きくとってしまうと、１日の変化を見ることはできませんね。つまり時間の解像度を高くすることで、どんな変化も追えるようにしておくのです。

それではdtはいくつにとればいいと思う？

——わからないですが、０・０００００１とか……？

１００万分の１秒まで小さくすると、計算するときに大変で、コンピュータでもかなりの時間がかかったりします。現実の問題を扱うときは、０・００１秒くらいで計算することが多いのです。

というのも、dtを０・００１として$\frac{dx}{dt}$の比を計算したときと、dtをさらに小さく、０・００００１として比を計算したときと、実はあまり変わらないんですね。dtとdxは、一緒に同じように小さくなるので、「比」の値はだんだん変化しなくなってくる。だから、dtをある程度以下に小さくすれば、一定の値に決まってきます。

これが微分法の肝で、この感じをつかめたら、もうバッチリです。比の値さえ押さえてしまえば、後はそれをひたすらくり返し使って、何秒後でも何年後でも将来を予測できるようになります。

過去をひきずる2回微分

さて、将来予測をするときには、微分を1回するだけではダメな場合があります。人口の変化など、社会的な現象は1回の微分で分析できることが多いのですが、人間が関わっていない自然界の運動は、すべて2回微分をしなくては予測できません。これが、ニュートンの大発見である「運動の法則」です。

物体が力を受けて、位置xが時間とともに変化するとき、$\frac{dx}{dt}$で、dtという短い時間のあいだの位置の変化、つまり「速度」を表すとお話ししましたね。この位置の変化（速度）を作り出している要因を、スローモーションで捉えて書き出し、

$$\frac{dx}{dt} = \text{要因}$$

要因：変化をつくってるもの

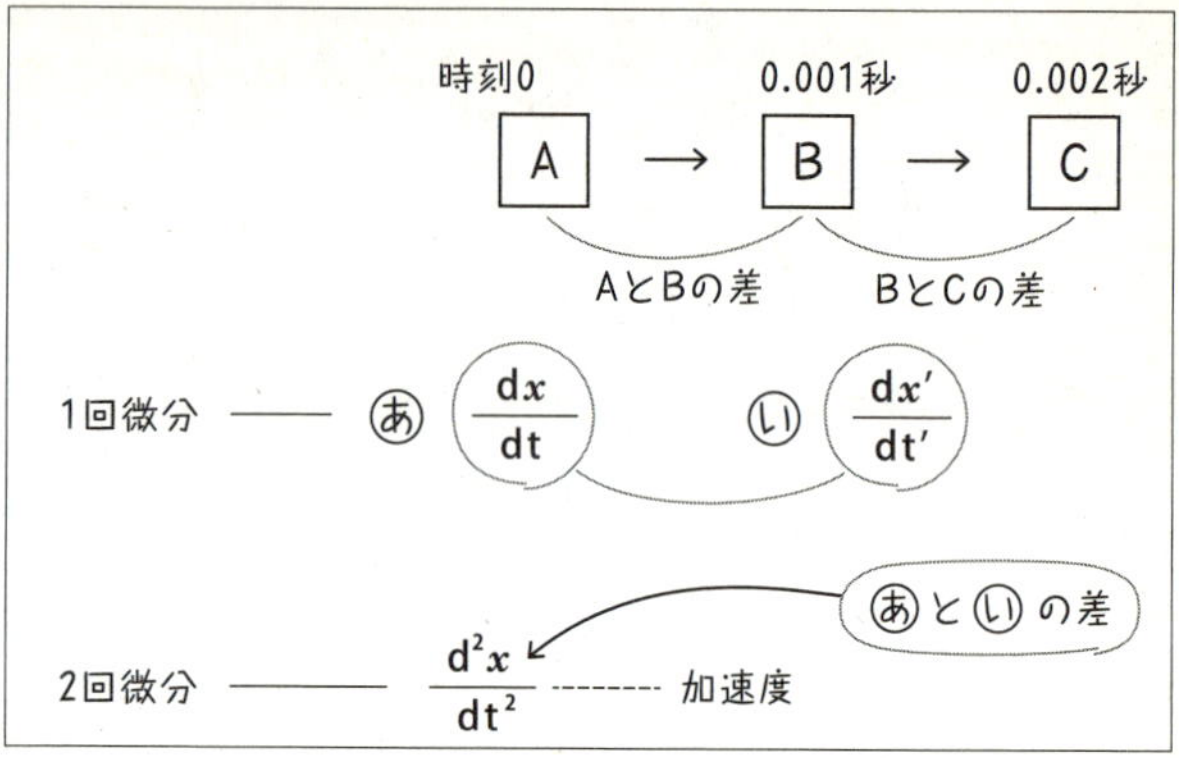

という式をつくります。これを解いてxを求めれば、その位置の変化が予測できるはずです。

ですが、自然界の物体の運動はこれではダメだ、ということをニュートンが見出《みいだ》しました。ニュートンの運動の法則とは、「力を受けて変化するのは、速度でなくて加速度である」というものです。

加速度は、車のアクセルのようなもの。アクセルを踏めば車の速度を変えることができますね。つまり、加速度とは、速度の変化を表す量です。加速度がゼロなら、安定して同じ速度で走っている状況を表しています。

この速度と加速度、そして微分の関係を図で示してみましょう。時刻0（A）から0・001秒（B）、0・002秒（C）へ進むとすると、AからBへの、1000分の1秒後の位置の変化が、1回微分で表される「速度」ですよね。BとCの差もxを1回微分して出る速度ですが、このふたつの速度(あ)と(い)の差が、加速度です。記号で書くと、xを時間tで2回微分したものになります。

記号の書き方の決まりごとを簡単にお話しすると、微分を表す記号は、これまでxにくっついていましたが、その$\frac{d}{dt}$は前に出して、ひとつのかたまりのように扱えます。もう一回微分するということは、$\frac{d}{dt}$を、もうひとつ左に付け足せばいい。これをまとめると、2回微分する、という記号が出来あがります。

なお、これは、「2階微分」と書き、「回」でなく「階」という字を使います。この2階微分が運動を解くカギになるのです。

2階微分のイメージは、78ページのメモのように1階微分と対比して見てみるとつかみやすいと思います。1階微分では、スローモーションで見たとき、「前と後でどれくらい変化したか」という、将来と現在の差を見ています。つまり将来を決めるのは、現在の状態のみだといってもいい。

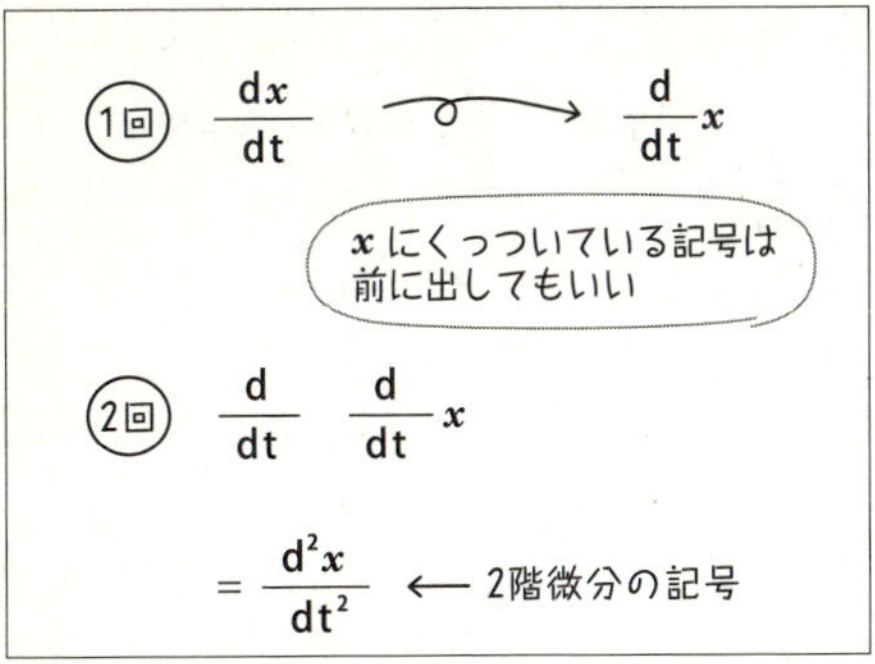

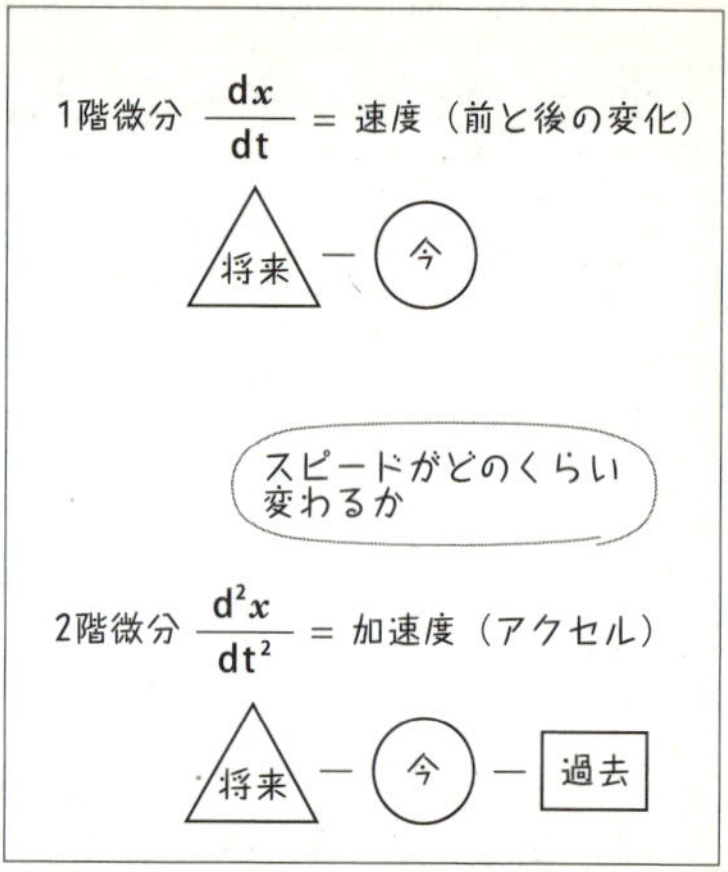

*x*の将来が知りたい

これに対して2階微分は、76ページの図のA、B、C、つまり「過去」と「今」と「将来」の3つの情報が必要になります。「次にどうなるか」という将来を決めているのは「今」だけではなく、過去も影響してくる、と考えるのです。

一般的に、現在の状態は必ず過去をひきずっている。私たちも過去をひきずりますよね。「昨日はあんなことがあったから、今日はこうしよう」みたいに。その過去をどれだけひきずっているかというのが、2階微分で表現できるのです。

こういうことに初めて気がついて、「位置を2階微分した加速度が、物体の変化を決める。そして加速度を決めるのは、物体に働く力だ」という自然の原理を見抜いたのがニュートンです。

そこで彼が見出した法則が、

$$\frac{d^2x}{dt^2} = \text{要因}$$

変化を決める「力」

という式で、

これを「運動方程式」といいます。これを解けば、あらゆる物体の位置の変化が予測できるというのが、人類史上に残る発見だった。

――……？　どうして2階微分である加速度が力になるのですか？

究極的にはニュートンに聞かないとわからない（笑）。あるいはニュートンに聞いてもわからないかもしれません。「だって自然界はそうなっているから」、としかいえないのです。

世の中のものがどう動いているか、その理《ことわり》を表すものが「運動方程式」です。これは「習うより慣れよ」で、私も初めて知った高校生のとき、わからなくて2年間ぐらいずっと悩んでいました。今でも決して心のもやもやは解決していないのですが、使っているうちにすべてそうなっているので「当たり前だ」と慣れてきます。

ただ、それじゃあ気持ち悪いと思う人もいるでしょうし、力がなぜ加速度になるか、ちょっとだけ深掘りしましょう。

神様はムダづかいしない

ニュートンの発見を、人々がどのように理解してきたか。それは、アインシュタインの有名な言葉、「自然はムダをしない」という原理を聞いたとき、私は少しだけ理解が進みました。

どういうことかというと、たとえば石を落とすと、直線で真下に落ちますよね。木の葉のようにゆらゆら揺れながら落ちたりしない。ゆらゆらしていたらムダに見えませんか？最短距離で落ちれば、いちばんムダがない。実はその感覚が大事で、自然界にもコスト意識があるのではないかということです。

神様にもコストという概念があって、なるべくコストを減らそうとして自然界を動かしている、と考えるのです。人間でいえば、お金をなるべくムダづかいしたくないわけですが、神様にとってお金に相当するものを、専門用語で「作用（action）」と呼びます。

この作用とは、高校の物理で教わる「作用反作用の法則」に出てくる作用ではなく、別の意味のものです。本当に大ざっぱにいってしまうと、エネルギーみたいなもの。

神様は作用というものを常にチェックしていて、これをなるべく使いたくない。このコストを最小にしようとして自然界のものを動かす、という原理が「最小作用の原理」といわれている。これが物理のいちばん深いところにあるのです。

「どう動いたらムダがないか」というのは、解析の「変分法」という数学を使って計算します。これは微分の親玉のようなもので、考え方は微分とほとんど同じですが、もう一段高度。この変分法を使うと、運動方程式の「加速度＝力」という式が導けるのです。

ところで、2階があれば「3階微分」もあるのですが、実は、車の動きは3階微分が当てはまるということが、最近わかってきました。人間の運転は非常に複雑で、アクセルを踏むタイミングが状況によって遅れたり早まったりします。さらに車は急に止まれませんし、車体が重いために急加速しようとしても限界がある。このため、さらに加速度の変化、つまり位置の3階微分が重要になってくるのです。

切り口と主役を決める

さて、微分法の準備ができたところで、水面の式の話に戻りましょう。

水面の位置の変化を式で表すには、まず水面にどういう力がかかっているかを調べます。ここで自然の声を聞くのです。水面をじっと見る……すると、ここに作用している様々な力に気がつきませんか。

——コップを揺すったときに、外から加えられた力。

はい、まず力が加えられるから波が生じますね。ただ、それはコップの外側からのものなので、直接水面にかかっている力ではない。水面に直《じか》に働いている力を拾ってみましょう。

たとえば、コップを揺するのをやめると、波はいつかは消えますね。これは水の中でこすれて摩擦が生じ、摩擦の力によってエネルギーが失われ、もはや波としていられなくなるからです。この摩擦力というものも関係していそうですね。

他にはどうでしょう。かかっている力を挙げるとすると……。

——重力？

その通り。地球が水を引っ張っている重力です。重力がないと水面はこのように揺れない。あとは何でしょう。大まかにいうと、あとふたつの力がある。

――水圧。

そうです。水中には圧力がかかっていて、水深に比例して深くなるほど大きくなります。約10メートル深くなるごとに1気圧増えるので、深海の底はすごい圧力で、人間も簡単につぶされてしまいます。コップの中の水にも水圧がある。さて、残るひとつは何かな。

――……?

ヒントは、水の中ではなくて、表面だけを考えてみてください。

――表面張力?

そうです。コップに水をギリギリまでゆっくり入れると、表面のまん中の部分が少し丸く盛り上がりますよね。その様子は、まるで、水が必死でこぼれないようにコップにしがみついているかのようです。この力が表面張力。

水の表面がゴム膜のようになっているイメージを

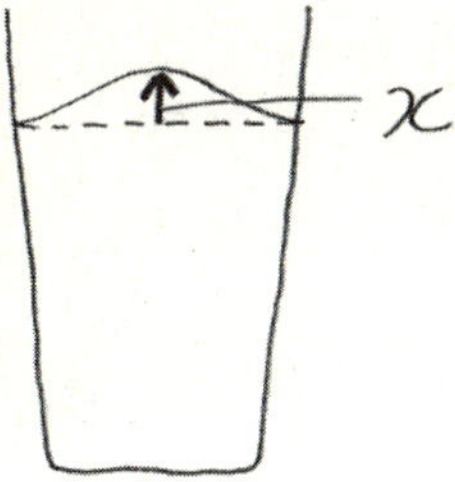

持つといいでしょう。ゴム膜は、伸ばしたり縮んだりすると元に戻ろうする。水面もこれと同じです。水面の変化量であるxが大きいほど、元に戻ろうという力が強くなります。

このイメージを持てば、波が動いていく様子もだんだん見えてくるでしょう。ゴム膜のどこかをたたくと、その振動がシワになってまわりに広がっていきますが、それと同じことが水面でも起こっているのです。

さて、以上で主役は出そろいました。これらの力が絡み合って水の波をつくり出しています。

ただ、これを正確に式で表すのは、大学3年生ぐらいの問題になってしまうので、今日は簡略版で「波の上下の動き」に絞って考えてみましょう。ちなみに、現象を扱うときは、はじめに「どんな切り口で見るか」を固めます。その切り口には正解はなく、それがその研究者の個性になるのですよ。

波の上下の動きを考えるには、いろいろある力のうち、たったひとつの力、表面張力だけに注目します。

実はこれだけで、水面のさざ波をつくっている本質が理解できる。

——他の要素は無視していいのですか？

さっき挙げてくれたように複数の力が働いているけれど、水面の上下の動きを見るのであれば、他の力はあまり上下運動には効いてこないのです。たとえ他の力を入れても、むやみに数式が複雑になるだけで、あってもなくてもほとんど変わらない。私も最初のころは、たくさんの要素を入れて式を立てていたけれど、解いてみると、「なんだ。いらないじゃん」と気づくようになりました。

スローモーションで見るときに何が効いているのか、バサバサいらないものをそぎ落としながら見極めていくことも大事です。

アタリをつけて、「ゆらゆらの式」を見つける

それでは、表面張力に注目した「波の変化の数式」を立ててみましょう。

ここでニュートンの運動方程式を使いますが、まず、水面の位置xを2階微分したものを左辺に、右辺には、かかっている力である表面張力をイコールで結びます。本当は左辺に質量が入るけれど、細かいことは省略して考えましょう。質量は定数なので運動によって変化せず、そういう量はここでは無視しても差し支えありません。

さて、表面張力は、位置xが大きくなるほど元に戻そうとする、つまりxに比例して元に戻そうとする力でした。以上より、

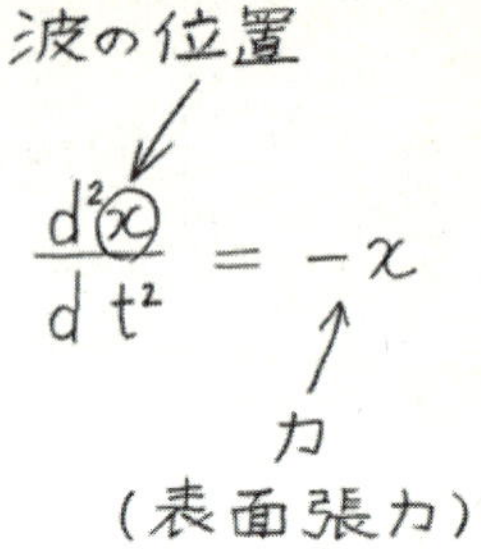

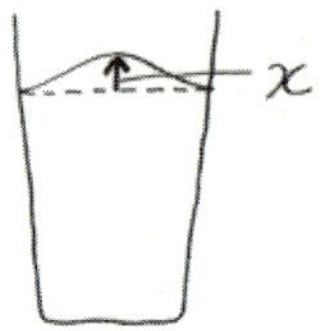

となります。「$-x$」が表面張力で、マイナスが「戻そう」という意味を表している。

——なぜ位置の「x」が、表面張力の「力」になるのですか？

それは、中学のときに習った位置と力の関係を表す「フックの法則」を思い出しましょう。バネと錘《おもり》があって、バネにかかる力がありますね。１００グラムの錘を下げると５センチ、２００グラムでは10センチとバネが下がっていく。錘の重さが倍になればバネの伸びはきっちり倍になる。これがフックの法則です。

表面張力がどのように働いているか、表面の一部分を取り出して見てみましょう。水面に働いている力は左ページの上の図のように分解できます。

左ページ下にある三方向の矢印の図のように、ひとりで斜め方向に引くのと、ふたりで下と左方向に引くのと、Aの点にかかる力は同じですよね。波の表面でも、同じ構造で力が働いています。

今はxの上下の動きに注目すればいいわけですが、位置xの上下変化に影響するのは、水面の下向きの力です。残りの横方向の力は、ふたつの小さな矢印がつりあって消えてしまうので無視していい。表面張力の下向きの矢印が、波の上下を決める力になる。ちなみ

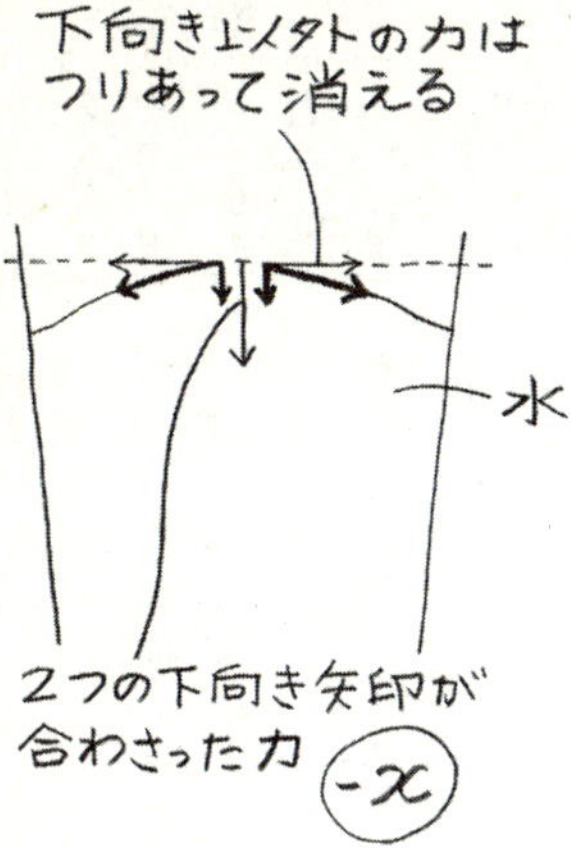
下向き以外の力は
つりあって消える
水
2つの下向き矢印が
合わさった力
-x

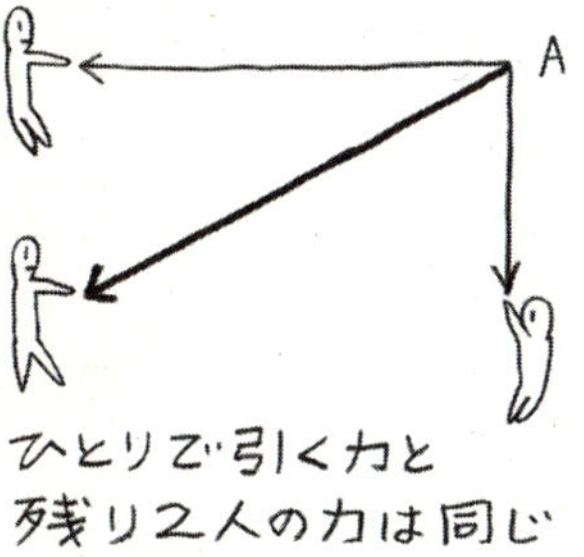
A
ひとりで引く力と
残り2人の力は同じ

水面に働いている力

に、下向きの矢印は、ふたつの小さな矢印が合わさった大きさになります。これは表面の位置が盛り上がれば盛り上がるほど大きくなる。

「$-x$」のマイナスは、xを上に向かって「正」とっているので、その逆ということで付けています。本当は、フックの法則にはさらに比例定数も付きますが、これは質量を無視したのと同様の理由で、ここでは省きます。

——何となくわかってきました。

よかった（笑）、あともう一息。そこで、この式を解くと、

$$\frac{d^2x}{dt^2} = -x$$

↓ 解く

$$x = \sin t$$

という解が求められます。「sin（サイン）」は三角関数といって、時間tとともにゆらゆら揺れる振動現象を表すものです。

——……？

なぜ、突然、三角関数が出てくるのか、わからないよね。まじめに計算しても出せますが、大変なので、今回はアタリをつける方法を教えましょう。

まず、この運動方程式を解いてxを求めるというのは、クイズ形式で書けば、「2階微分すると、マイナスがつく関数は何？」ということになります。

水面は揺れるので、「ゆらゆら」を表す関数が答えに必ず登場するのですが、それこそが三角関数なのです。振動するような運動の場合、必ず答えの一部に三角関数が入っていると思って間違いありません。

三角関数は、まだ習っていないと思うので、簡単に説明します。グラウンドで半径1の円を描きながら、同じ速度で反時計まわりにグルグル走りまわっている人を思い浮かべてください（90ページの図の左）。図の縦のx方向が大事で、走りながら上方にある宝に近づいたり、遠ざかったりしているとする。

この円運動の見方を変えて、時間（t）の軸と、縦のx軸だけを取り出し、時間が進むことで宝への近づき方がどのように変化するか、というグラフを描きます（90ページの図の右）。すると、x軸の1と-1のあいだをゆらゆらする動きが見えるのですが、これが$x=\sin t$という三角関数です。学校では$y=\sin x$という記号で習う。

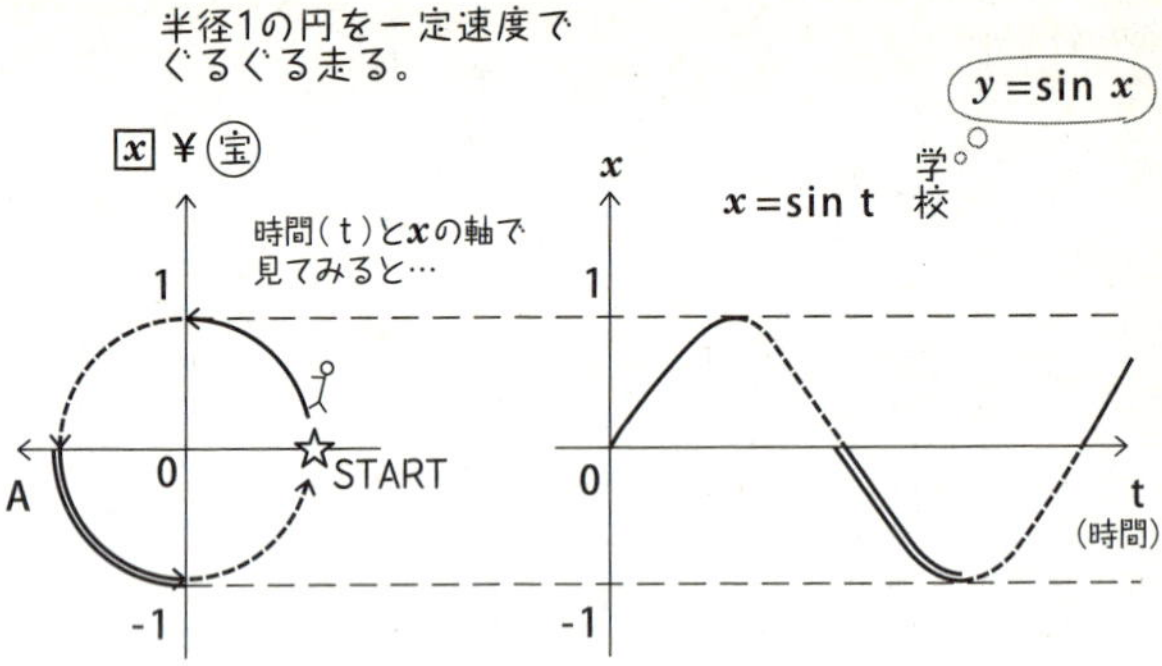

三角関数と円運動。ゆらゆらグラフ

この、$x=\sin t$が答えなのではないか……と、アタリをつけるのですが、それでは三角関数を2階微分してみるとどうなるか。

教科書にも書いてあるので、詳細は略しますが、微分は、「接線の傾きを求める操作」ともいえます。dtだけ変化したときのdxの変化の割合$\frac{dx}{dt}$は、まさにグラフにその場所で接している直線の傾きになっているからです。したがって、$x=\sin t$のカーブの各点で接線を引き、その傾きを求め、その値をグラフに描いたものが、$x=\sin t$という関数を微分した答えになるのです。

$x=\sin t$を1階微分して（tが0のときは接線の傾き1、tが$\frac{\pi}{2}$のときは傾き0……と）グラフで描きだしたものが91ページ中央のグラフです。中央のグラフ縦軸は1階微分です。このフラフラのかたちは$\sin t$と同じですが、ちょっと横にズレてい

x = sin tを2階微分する

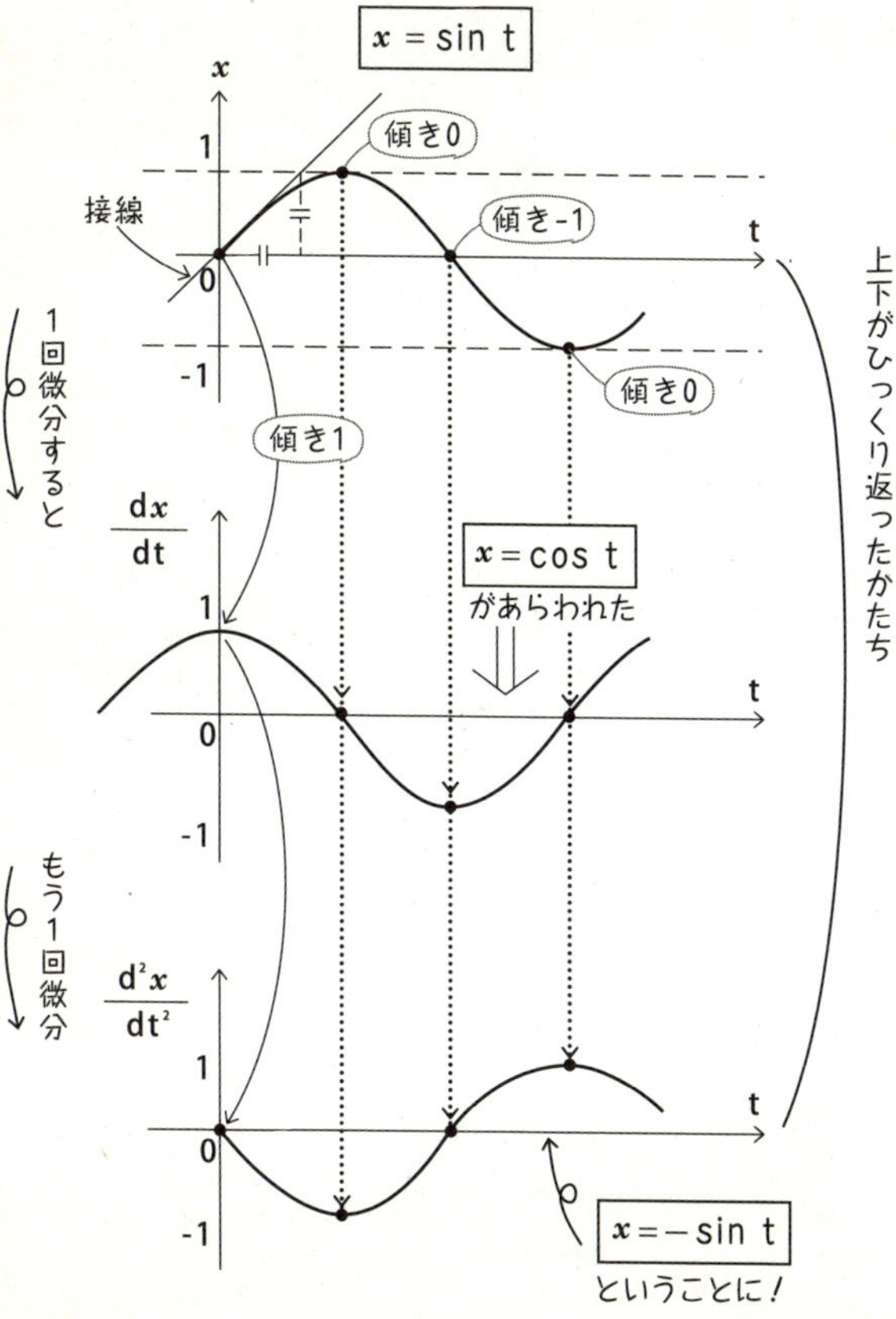

るね。この関数を cos（コサイン）と呼びます。つまり、サインを微分するとコサインになるということです。

そして同様に、それをもう1回微分したものが91ページの一番下のグラフ。これが、$x=\sin t$ を2階微分したものです。このグラフは、$x=\sin t$ のグラフを上下にひっくり返したかたちになっていますね。ということは、どうなると思う？

――プラスとマイナスがひっくり返るから、マイナス記号が付く？

そう、$x=-\sin t$ になるのです。

これで、「2階微分するとマイナスが付く関数は何？」というクイズの答えが $\sin t$ であることがわかる。波の式、$\frac{d^2x}{dt^2}=-x$ の解は、$x=\sin t$ となるのです。

――グラフから2階微分の答えを導けるんですね。でも、はじめに「サイン」と見当をつけることがポイントだと思いますが、アタリをつけるって、いろいろ知っていないと難しいですよね……。

確かにそうです。でも、いくつかの関数のかたちを知っていれば、だいたい答えの予想ができるようになります。それに、関数の種類は、高校数学までてほぼOK。大学に入ると、もっと複雑な関数を習うのでは……と思うかもしれないけれど、特殊な分野以外は、大学の理系でさえも高校までの関数のみでおしまいなんですよ。

コップの中の水の波という現象を式で表し、解いてみると、位置 x は上下に振動するという答えが出る。こうやってサインのグラフを眺めると、水の表面全体が波のように動いている感じが伝わってくるでしょう。

——波を見ると三角関数を思い出しそうです。

いいですね（笑）、そういうことが大事です。実際には別々の場所で、この x が上下に動いています。それがまるでサッカー場の観客席のウエーブのように全体で波をつくる。

丸いコップの場合は、コップの内側の壁から反射した波が、丸いかたちになりながら中心に向かう様子も見えますね。これは、太鼓やティンパニをたたいたときの膜の振動と同じです。

ティンパニの上に砂をまいて、その状態でたたいてみると、振動で砂が移動する。そうすると、振動の大きい x の位置には砂がなくなり、あまり動かない部分にたまっていくのですが、木の年輪のようなきれいな砂の模様が浮かび上がってくるのです。

その模様のパターンは、たたく強さなどによって変わりますが、砂模様のパターンも、先ほどと似たような式を解けばわかる。その答えは、三角関数をもう少し複雑にした「ベッセル関数」というもので表されます。

数学や物理では、このように現象を解いていく。みなさんが感じているフィーリングを、式に翻訳できたら勝ち。だから、科学者が数式を見ると、「あ、水面が動いているぞ。誰か揺すっているぞ」って、すべてストーリーで見えてくる。

これも「抽象力」のひとつなんだけれど、なんとなくイメージできたかな。

人間関係のトラブルが解ける？ ——ゲーム理論

ところで、数学は、人間の心の中にある悩みを扱うこともできます。そんな感情にまつわる人間くさいもの、数学が扱う対象ではないのでは……と思うでしょう。そこに切りこんでいくのが「ゲーム理論」という数学なのです。

私たちの悩みの大部分は、人間関係の問題ですよね。家族内トラブル、学校での友達付き合い、恋愛、会社の上司と部下の関係。誰もが、何かしらトラブルを抱えた経験があるでしょう。企業間の競争や国と国との争いだって、やはり人間関係の問題だといえる。

ゲーム理論とは人間関係を分析する学問で、私たちの抱えている問題すべてを、一種の「ゲーム」と捉《とら》えるものです。ゲームといっても遊びのゲームではなくて、駆け引きみたいなもの。

利害関係のある複数のプレイヤーがいて、お互い、相手がどのような行動に出るかはわからない。そういった不確実な状況の中で、プレイヤーたちの選択肢を整理し、それぞれがどのような行動を選ぶか、それによってそれぞれの利害関係はどうなるかを理論的に導くのです。

国際関係を見渡しても、お互いの国の言い分は両立しないことばかりでしょう。そんな矛盾だらけの関係を分析する際、ゲーム理論を使うことで、問題の構造が見えるようになり、相手の出方を予測し、お互いの妥協点まで含めて予測できるようになったのです。

フォン・ノイマンというハンガリーの数学者が生みの親ですが、ゲーム理論を一躍有名にしたのは、1章でも少しお話ししたジョン・ナッシュでした。友人たちと美女をナンパするときに浮かんだアイディアが、のちのノーベル賞につながると言ったけれど、これが「ナッシュ均衡」と呼ばれるものなのです。有名な「囚人のジレンマ」といわれる例で、簡単に説明しましょう。

ある重大な犯罪の容疑者2名を警察が捕まえ、取り調べをしています。取調官は、次のような条件を、それぞれの容疑者に個別に伝えました。

「もし、ふたりとも罪を自白すれば、どちらも16年の刑とする。ふたりとも黙秘すれば、2年の軽い刑で済む。しかし、どちらか一方が自白して、もうひとりが黙秘すれば、自白したほうは無罪放免になり、黙秘したほうは30年の重い刑になる」

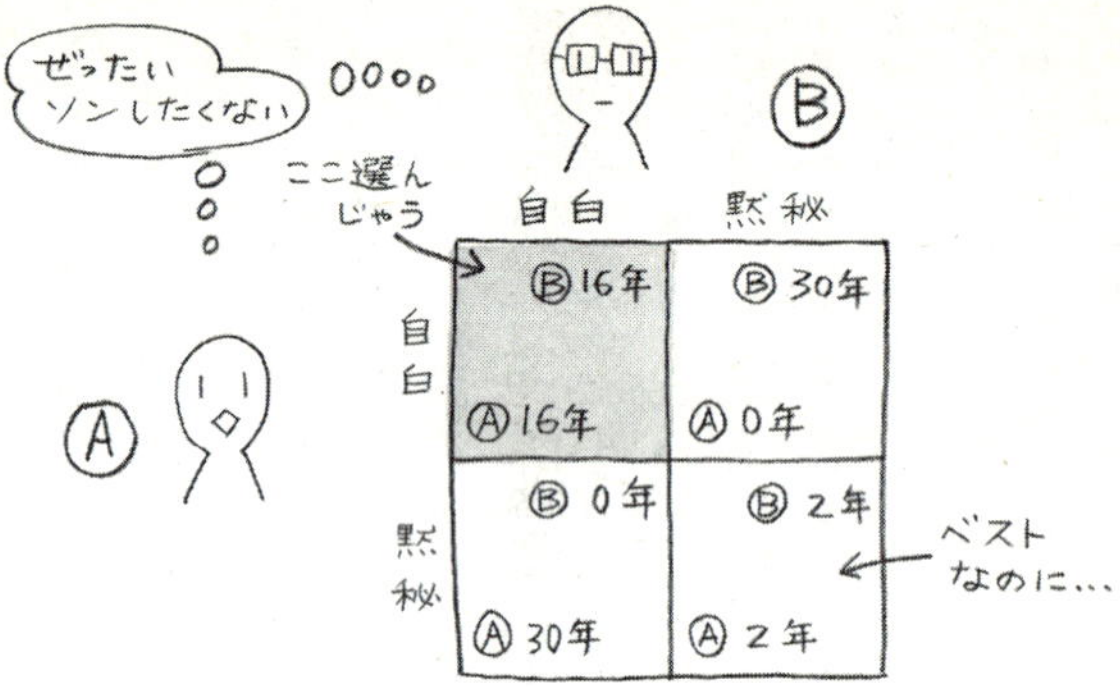

囚人のジレンマ

ふたりの容疑者は個別に取り調べられているので、お互いに相手が自白するか黙秘するか、わかりませんね。そこで相手の出方を読み合うのですが、ふたりとも次のような結論を導くことになるのです。

まず、相手が自白したとすると、自分が黙秘したときは30年、自白したときは16年なので、自白したほうが良い。逆に相手が黙秘したとすると、自分が黙秘すると2年、自白すれば無罪放免です。結局、相手がどう出るにせよ、自分は自白したほうが罪は軽くなる……。相手も同じことを考えるはずなので、結局、両方とも自白して、16年の刑が確定する。

しかし、これは上の図を見ればわかるように、明らかに良くない選択ですね。両方とも黙秘すれば、ふたりとも2年の刑で済むのですから、これがベストな選択なのです。

このように、各プレイヤーが、「相手がどう出ようが、自分が損をしない行動」をとろうとするときに生まれる均衡状態を「ナッシュ均衡」と呼びます。お互いにとってベストな選択ではないとわかっているけれど、それぞれが選択を変えられず、縛られる構造が生じるのです。

このような合理的な判断による均衡状態と、全員が最適になる均衡状態がズレることがありうる、というのがゲーム理論の核心です。ちなみに、全員が最適になる状態は、「パレート最適」と呼ばれています。

もちろん、人間の行動はそんなに単純ではないので、ナッシュ均衡がそのままあてはまるわけではありません。また、1回きりでなく、何度もこうした判断をくり返し行うような状況では、プレイヤー同士に自然と協力関係が生まれたりもする。誰だって、長い付き合いになると、相手を裏切ることは気まずいし、しっぺ返しも怖いよね。

プレイヤー同士が長期的な利を考えて動くことで、ナッシュ均衡に陥らずに済むこともあります。

勝ちつづけるのとゆずり合うの、どっちの社会が幸せ?

ゲーム理論において一度だけではなく、何度も判断をくり返す状況を「くり返しゲーム」というのですが、この設定で行った次の問題を考えてみましょう。

設定

あるレストランが新装開店した。料理人の腕が良く、美《お》味《い》しくて大評判。
ただ、店は予約できず、客席はけっこう狭い。6人までだったら快適に食事できるけれど、7人以上になるとぎゅうぎゅう詰めでイライラがつのり、かえって不愉快になってしまう……。

こういう状況に、私も含め、ここにいる13人のみなさんが置かれているとします。みなさん、できれば毎晩、その店に出かけたいと思っている。でも、全員が店で食事することはできないから、何人かはがまんして家で過ごさなければいけない。

そして、「快適に過ごせた度合い」で、次のように得点制にしてみます。

- 店に出かけたら、客は6人以下だった→快適に食事を楽しめたので、ベストの2点
- 店が空《す》いていたのに家にいた→残念だったということで0点
- 店に出かけたら、7人以上の客がいた→窮屈でストレスを感じるので0点
- 店が混んでいたとき家にいた→不快感はないので1点

この設定で、何度もくり返し、みなで得点の合計を競い合います。得点が高いほど満足度が高いということですが、真の目標は13人全員合わせたトータルの点数が高くなるということ。この13人の社会全体がハッピーになる条件を考えてみたいのですが、一人ひとりがとる行動を、次の2パターンで実験してみました。

ひとつ目は全員が「自分さえよければいい」と自分勝手に振る舞うバージョンです。店に行って食事を楽しめたら、翌日もまた店に行って良い思いをしようとする。家にいたときに店が混んでいて、窮屈な思いをしなくて済んでラッキーだったら、また翌日も家にいる。つまり得点を取ったら、次も同じ方法で点を取ろうとするスタンスです。

もうひとつは、他の人を思いやって、ある日に良い思いをしたら、次の日は他の人にゆ

行動＼客数	7人以上	6人以下
店に行く 	0 ぎゅうぎゅう	2 快適
家にいる 	1 行かなくてよかった	0 行かなくて損した

ずる。つまり、店に行って食事を楽しめたら、翌日は他の人にゆずって家にいる。もしも家にいて得点をもらったら、翌日は混んでいるかもしれないけれど店に行ってみる。これは、勝ちつづけようとせず、得点をもらったら、次は他人に勝ちをゆずるという行動を表しています。

　このふたつの振る舞い方でゲームをくり返した場合、どちらが全員の合計得点が高くなるか、わかりますか。

——それによって差が出るのですか？

　そう、10日ぐらいつづけるだけで差がついてくる。

　実は、利益をゆずり合う行動をとったときのほうが合計得点が高くなります。その差は、日にちがたつほど開いていくのです。

——ゆずり合うかどうかで違う、というのが不思議です。どうしてだろう……。

　1回きりのゲームの場合は、ゆずったほうが損をすることが多いのですが、何度もゆずり合いをくり返すことで、得点を伸ばしていくのです。実際、このゲームの実験を人を集めて行ってみましたが、ゆずり合う集団は、だんだん得点が上がり、そして個人の満足度も高くなっていくことがわかりました。

これはくり返しゲーム理論で示した結果ですが、ちょっといい話だと思いませんか。自分さえよければいいと、自分の利益だけを考えて動くことを利己的といいますね。それに対して、「儲《もう》けが出たら、次はちょっと人にゆずる」というように、自分だけでなく他人の利益も考えて行動することを「利他的」といいます。みんながみんなを思いやって行動する「利他」のほうが、社会のトータルの幸せ度が上がる。それがゲーム理論から証明できるのです。

「他人に思いやりを」という、道徳の世界でいわれるようなことが、「ゆずり合ったほうが、社会全体がトクをする」と、数学で証明できる。

ちなみに、私が利他行動に興味を持つようになったきっかけは、渋滞を研究している中で、そんな実例がたくさん出てきたからです。集団の行動を分析していると、「ちょっとがまんしてゆずり合ったほうが全体がスムーズに流れる」といったような興味深いケースが様々な場面で見られるのです。これは、また次の章でくわしくお話ししますね。

見えない物を音から探る――逆問題

次に、私たちの安全や安心を支えている「逆問題」という数学を紹介しましょう。
みなさんは、中の見えない、開けられない箱があったとき、どうやって中身を調べますか？

――持って重さを量ったり、揺らして感触を確かめたり。

そうだね。手で持ってみたり、揺すったときにどんな音が出るかで、箱の中の物を予想する。このような場面は、社会の様々なところで出てきます。

たとえば、建物の内部のどこにひびが入っているかを検査するとき。古いビルでは、自然にコンクリートに亀裂《きれつ》が入ってしまうことがありますね。みなさんも、建物の壁に入っているひびを見たことがあるでしょう。

外から見えるひびなら、まだ大丈夫かどうか判断がつきますが、内部にある場合は気がつきません。もし地震が起きたら、内部のひびが原因で建物が倒壊するかもしれない。ですから、内部にある、見えないキズを調べる技術が重要なのです。

魚群探知も、地面の奥深くにある鉱物資源を探査するときも、すべて同じ構造です。こ

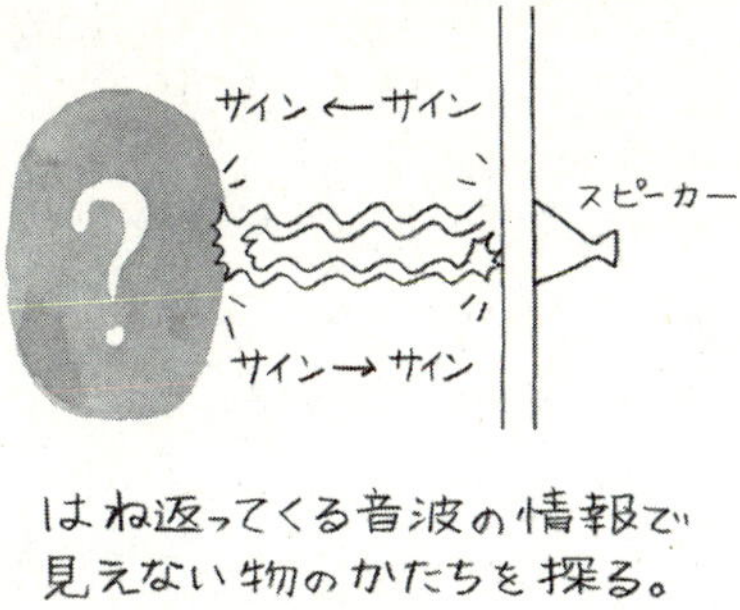
サイン ← サイン
スピーカー
サイン → サイン
はね返ってくる音波の情報で
見えない物のかたちを探る。

逆問題

のように見えない中身を、音などの間接的な情報から探ることを、数学では「逆問題」といいます。

——どうして「逆」なんですか？

あ、セットで「順問題」というものもあるからです。順問題は、ある物が音を発して、それがどのように伝わるかを解いていくもの。逆問題は、伝わってきた音から、そこに何があるかを当てるのですね。まさに逆です。

真っ暗で何も見えないときでも、「あー！」と声を出すと、反射音が聞こえるでしょう。まわりに壁があるときとないときで、声の残響音、反射の感じが違う。これを精密に数学で解析していきます。

壁の奥に何があるのか知りたかったら、スピーカーで音波を出してその伝わり方を調べます。音波とは、要するに波なので、少し前に出てきた「サイン（sin）」が登場します。サインという波がどのように伝わって返ってくるかは、微分方程式を解くことで正確にわかる。もし何かあれば、音波がはね返ってきて、このときの反射波をくわしく調べることで、見えない物の距離や性質がわかるのです。

物との距離によって、音波の返ってくる時間が違うし、乱反射して一部が戻ってこないとなると、その物は「穴があいているかもしれない」といった情報になる。

反射の仕方も物によって違います。硬い物だったら、エネルギーを１００送ったら、そのまま全部返ってくるけれど、やわらかい物だと、一部が吸い取られて50しか返ってこないとか。うまくいくと、中にある物のかたちすべてを、反射波だけで再現できる可能性があるのです。

ただ、逆問題には限界もあって、たとえばペットボトルのお茶と鉛筆立てが同じ位置にあるとすると、反射波の返ってくる時間は同じなので、距離はわかるけれど、それが何かはなかなか区別できません。

このように、音だけから物体の詳細を区別する問題は一般的に解けないので、専門用語で「illposed（イルポーズド）」、つまり「最初から設定が悪い」問題と呼びます。太鼓の音だけ聞いて、太鼓のかたちまでわかるか、という問題ですが、違ったかたちをしていても同じ音を出す太鼓があるので、原理的に解けない問題なのです。中には、運良く解ける問題もあるので、そういうものは実用的に大いに使われています。

ここで使われる数学は、大学3年生ぐらいで習う「フーリエ変換」の応用で、分類でいえば解析の分野に属するものです。役に立つ数学なので、興味がある人は本やインターネットで調べてみてください。

——体の中を調べる超音波エコーの仕組みも、逆問題と関係していますか？

その通り。超音波が体の中の内臓にあたってはね返ってくる、その時間を計って、それをリアルタイムで映像にしているのです。妊婦さんの赤ちゃんの映像も、逆問題をやっていることになるのですよ。

どうしても解けない①
「貼り紙禁止」の貼り紙

さて、これまで数学のメリットを見てきたので、最後に簡単に数学の限界もお話ししておきます。数学には、どうしても太刀打ちできない問題がいくつもあるのです。

まず、本質的なことですが、数学では論理が破たんしてしまったらお手上げです。階段を1段ずつ積み上げてきたのに、それが崩れてしまったら困るでしょう。

たとえば、有名な例ですが、「ここに貼り紙をするな」と書いてある貼り紙を見つけたとき。これ自体が貼り紙だけれど(笑)、この貼り紙はどうなのだろう……。違反しているのか、許されるのか、どちらだと思う？　意見が割れるでしょう。これは論理の柱を壊してしまう例で、論理的に決着をつけるのは難しい。

ゲーデルという数学者がこういった論理の破たんする例を見つけてしまったので、「ゲーデルの世界」といわれています。こういう例はいくらでもつくれる。少し込み入った設定ですが、床屋のパラドックスと呼ばれる例を紹介しましょう。

ある村に、床屋さんがひとりだけいた。その床屋さんは、「自分自身のひげをそらない人全員のひげをそる」とする。さて、この床屋さん自身のひげは、誰がそる？

——自分でひげをそるとしたら、この床屋さんは「自分のひげをそらない人」をそるはずだから、矛盾してしまう。

自分のひげをそらないとすると、この床屋さんは「自分自身のひげをそらない人、全員のひげをそる」わけだから、こちらも矛盾する……。

そう、解決できないジレンマに陥りますね。

数学には、実は、このように論理が破たんしてしまう例が含まれていることがわかったのです。この避けられない宿命をまとめたものが「不完全性定理」であり、ゲーデルは数学の論理は不完全だということを定理として示してしまった。

数学では、あることが正しいか、正しくないかをきちんと議論するわけですが、論理のたどり方でどちらの結論も導けてしまったら大変ですよね。こういうことが場合によっては起こりうるというのが不完全性定理です。

ただ、うまく考えればこのような論理破たんを避けて通れることもわかっていますし、それが現代の数学の基礎にもなっています。

ここで破たんのカギになるのが、「自己言及」です。「貼り紙をするな」は、その言葉の矛先が自分自身にはね返ってくる感じがするでしょう。このせいで思考の迷宮ループから出てこられなくなる。これを理解して思考を落ち着かせるためには、どうしても自己言及のループを切る必要があります。つまり、自分自身にはね返ってこなければいい。貼り紙の例では、「この貼り紙は例外です」と決めてしまえば、その貼り紙は規則の適用外になる。

ですが、それでもこの問題は深くて難しい。私は、不完全性定理は、神様が人類につくった脳の「バグ」ではないかとも感じています。これは数学基礎論という分野で扱われているものですが、こんな闇をずっと研究している人たちもいるのです。

どうしても解けない②
巡回セールスマン問題と箱詰め問題

次に、一見解けそうなのに不可能な問題を紹介しましょう。

ひとつ目は巡廻《じゅんかい》セールスマン問題。セールスマンがみなさんの家を一軒一軒まわり、保険の説明をして最後に会社に戻ってくるとします。このとき、どのようなルートでまわれば一番移動距離が短くて効率がいいか――簡単なものだったら可能ですが、実はこの問題が一般には数学では解けない。

道路はたくさんあるので、まわる家が増えていくとコンピュータでもお手上げです。家の数が100万軒だとすると、今のコンピュータでは正解を出すのに最速でも数億年かかる。

すべての場合の組み合わせが膨大な数になり、計算機で調べつくすことが不可能になります。これを「組み合わせ爆発」と呼んでいます。

似たような問題に、「箱詰めの問題」というものがあります。

小さな正方形の箱がいっぱいあって、それを大きな正方形の箱に詰めて送るとする。運

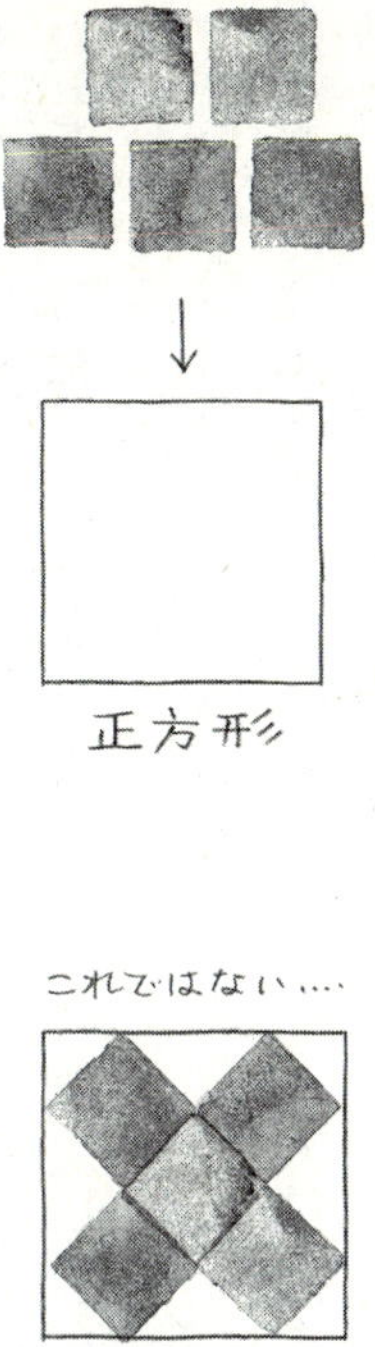

小さな正方形の箱5つ。どう詰めれば最もコンパクトになる？

搬のムダを減らすためには、なるべく隙間なく効率よく詰めたいよね。小さな箱を4つ送りたいときは、当然きっちりはめるでしょう。じゃあ、5つだったらどう？　一辺の長さをできるだけ小さくするにはどうすればいいか。

　たぶん、ちょっと考えると、こんなふうに（右の下図）思いつくかもしれないけれど、もっと小さくなる置き方がある。

――これですか？

正解！　まん中の箱を45度に傾けて接するように押し込むと、いちばん小さくなる。これを見つけるのは、ある程度カンも必要だと思います。数学で計算するときは、だいたいの見当が絞れてきたら、微分法などを使って箱が入っていない空白部分が最小かどうかをチェックしていきます。

さて、それでは、小さい箱が6個、7個と増えていったらどうなるか……気になるよね。でも、箱の数が増えると計算量が膨大になって、やっぱりコンピュータを力ずくでまわしても解けない。

——意外と単純そうなことができないのですね。ちょっとうれしいというか、親近感がもてます（笑）。

そうなのです。「場合の数」を数える問題や、「組み合わせ」を調べつくす問題というのは、幼稚園のころから誰でも馴染《なじ》んでいるのですが、その数が多くなりすぎると、最先端のコンピュータでもどうにもならなくなる。

どうしても解けない③
カオス

コンピュータにできないことはたくさんありますが、その中でも大きなもののひとつが、非線形《ひせんけい》の「カオス」です。

カオスについてお話しする前に、「非線形」について少し触れておきましょう。非線形というのは、簡単にいうと、相互作用し合っている状況のことです。前半でお話しした微分は、最強の道具ではありますが、非線形を相手にすると、切れ味が悪くなってしまう。

微分を使って物の変化をスローモーションで見たとき、その変化をつくり出す要因はたくさん考えられますね。たとえば、株価の変化を予測できたら大儲《おおもう》けできますが、微分法を使って正確に予測できるか。もしできれば、とっくに私がやっている（笑）。

株価の予測が難しいのは、株価の変化は、景気の動向、金利変動、ニュース報道などいろいろな要因が複雑に関係し合っているからです。それらがすべて別々に効いてくるときを「線形」といい、ここでは微分法が威力を発揮します。一方、こうした要因同士が複雑に絡み合っているときを「非線形」といい、この場合、微分法ではなかなか解けないのです。

世の中はある意味ですべてつながっていて、お互いに切れているものってないですよね。実は、世の中ぜんぶ非線形なのです。人間同士もそうだし、プラスとマイナスの粒子は引かれ合う、地球と太陽のあいだでも万有引力で引かれ合っているとか、すべてはお互いに何らかの力で作用し合っている。

ただし、宇宙の遠い所にあるもの同士は、実際に及ぼし合う力は小さいので、別々に運動していると考えてもいい。こういうときは非線形でも線形のように扱うことができます。

さて、非線形には、ふたつのものがあって、ひとつがきちんと解けない「カオス」。もうひとつが、ちゃんと解ける「ソリトン」というものです。ソリトンとは、崩れない波のかたまりのようなものを指すのですが、3章でくわしくお話しします。

カオスは、一言でいうと、予測不可能な世界のこと。カオスになったときは、残念ながら、微分法のスローモーション予測は、下手をしたら1秒先くらいまでしか合いません。

たとえば野球のボールをノックしたとき、ボールがどこに転がるか、だいたい予測できますね。でも、ラグビーボールを蹴《け》ったときは、地面に何回かバウンドした後どこへ行くか、プロでもわかりません。ラグビーボールは球のようにきれいな対称形ではないので、地面との接触点が少しでも変わると、はね返る方向が大きく変わってしまうのです。

このように、最初の状態が少しでも変化すると、その結果、将来が大きく変わってしまう現象をカオスといいます。テレビで、まわるテーブルの上に、複数の人たちがコインを積み上げていくゲームを見たことがあります。誰かがコインを積むと、ほんのちょっとズレが生じるでしょう。そうすると、このズレが後々に影響して、積み上がっていくかたちは毎回違うものになる。そして最後にはバラバラと崩れますね。

いつ崩れるかわからないので、見ていてハラハラしますが、積み上げたコインが崩れる瞬間、私はカオスを思い浮かべます（笑）。微分方程式のスローモーションの積み上げの途中に、カオス的な要素が入っていると、それが将来予測を完全に崩してしまうのです。

これまでの数学の常識では、はじめの状態を極めて小さく変化させたのであれば、最終状態もそれほど変わらないだろうというものでした。ですが、カオスの場合はこの常識が成り立たず、それが研究者にとって衝撃的だったのです。

また、カオスがあると、コンピュータによる計算も、すべてあてにならなくなります。

なぜなら、コンピュータの計算には必ず誤差が入るからです。コンピュータの中の数字は2進法の「1と0」のみで表されていますが、私たちの日常世界は0〜9の10進数を使いますね。ですので、コンピュータに数字を入れるとき、10進数から2進数へ変換されるのですが、ここで、避けられない誤差が生じるのです。10進数を2進数に直すと、0と1がかなり長く続く数もあります。この場合、コンピュータの計算用のメモリにすべて入りきらないため、あふれた分は無視されてしまいます。

その誤差は0・000……1のように、極めて小さなものかもしれないけれど、カオスであれば、この小さな誤差のせいで最終結果が大きく変わるのです。そうなると、コンピュータによる予測はまったくあてにならないことになる。

私は、カオスが発生している気配があったら、計算機の結果をほとんど信用しません。その場合は計算機より自分の経験とカンのほうが正しかったりします（笑）。

——カオスになる条件ってあるんですか？

何かちょっと変化を加えたりすると、線形から非線形の世界に移行したり、非線形の世界の中でも、ソリトンからカオスになったりするのです。

カオスになるタイミングを決めるのが、「リアプノフ数」という強力な指標です。リアプノフというのは、この指標を見つけたロシアの数学者の名前。現象から「リアプノフ数」を計算し、その現象がカオスならば、リアプノフ数はゼロより大きくなる。逆にカオスでなければ、リアプノフ数はゼロより小さくなります。この指標のおかげでカオス判定がしやすくなりました。

ただ、何事も相互作用が強くなってくると、非線形性も強くなり、カオスが起こりやすい、と覚えておくといいでしょう。

どうしても解けない④
矛盾

最後に、「コンピュータで絶対にできないものは何か」をお話ししましょう。コンピュータが太刀打ちできない最大のものは、「矛盾」です。コンピュータには「A＝B」と、「AはBと違う」というものは同時に入れられません。計算機の論理回路が破たんしてしまうから。数学では、先ほどお話ししたゲーデルの闇がこれに相当します。

でも、私たち人間は矛盾だらけですね。「あの人が好き、でもあの人が嫌い」みたいな相反する感情を同時に持つことだってある。人間は数学の理論通りには動かないし、感情的にふるまって、理屈を超えた行動をとることも多い。こうしたことを計算機のプログラムに単純に表現できるはずがありません。

私の夢のひとつは、矛盾も扱える新しい数学をつくることです。これができたら、人間心理も織り込んだ、もっと血の通った数学になるような気がします。

私は「渋滞」を研究していますが、これはまさに矛盾に満ちた人間の集団行動を対象にするもので、実際、いつもいろんなケースにぶつかって悩んでいる。

たとえば、ある町で、自転車のヘルメット着用を義務付けました。もちろん安全のための政策だから、誰も反対しないよね。でも、その結果、事故による死亡率が増えたという報告もあった。どうしてだと思う？

――そんなことがあるんですね。……ヘルメットがあるから、運転手が安心してしまったとか。

アタリです。それまでは、車を運転する人たちはヒヤヒヤしながら慎重に運転していたのに、着用が義務付けられることで、「ヘルメットがあれば大丈夫」と、自転車の近くを速いスピードで通り抜けることが多くなった。それで事故が増えてしまったのです。

逆のケースとしては、こんなこともありました。「飛び出し注意」という標識があるのに、事故が絶えない場所でのことです。ふつうの感覚だったら、もっとドライバーに注意をうながそうとして標識を大きくしたり、数を増やしたりするでしょう。

でも、そこでは、なんと標識を取り去ってしまったのです。すると、事故が減った。

――ええ！　標識がなくなったから、かえって気をつけて運転するようになったからですか。

はい、ドライバーの注意をひいたのが良かったのでしょう。こういったことは、心理学などの分野で研究が進められています。

このような例を考えると、私たちは心の内に矛盾を抱えているからこそ人間らしいと思えてきますね。

現実の人間社会と数学が想定している世界にはギャップがあります。矛盾やジレンマの中で、数学がこれからどのように人間社会の問題を解いていくことができるか、これが一番難しいところですし、私にとって今、最も興味のあるところです。

人間行動の科学的研究は、まだ入り口付近に位置していますが、それでも一歩一歩新しい発見がある。渋滞の研究を通して、数学と心理の妥協点を見出《みいだ》せないか、常に考えています。

3章

ループをまわして、リアルな世界へ

教科書からリアルな世界へ

今日で3回目の授業で、ここから折り返し地点ですね。今回の授業でお話しする数学はふたつ。2章でも少し触れましたが、非線形《ひせんけい》の世界で「崩れない波のかたまり」を解くソリトンという数学と、1と0で複雑な現象を表現するセルオートマトンです。このふたつの数学を使った私の研究を紹介しながら、数学が社会に届くまでの道のりをお話ししたいと思います。

まず、数学と社会がどのように呼応しているか、その仕組みを見ていきましょう。数学から社会までの流れは、川の流れにたとえるとわかりやすい。山からの小さな湧水《わきみず》が、だんだん集まって大きな川になり、それが最後に海に流れ込むよね。数学は、まさに最上流に位置する湧水のようなものです。

その湧水をいろいろな要素と結びつけて、より現実的に育てていくものが物理で、さらに実際の応用を意識した研究が工学。それが社会に流れていき、私たちの社会にたどりつくのです。

海に流れた水は蒸発して大気中に出ていき、雨になって山に戻ってきますが、このよう

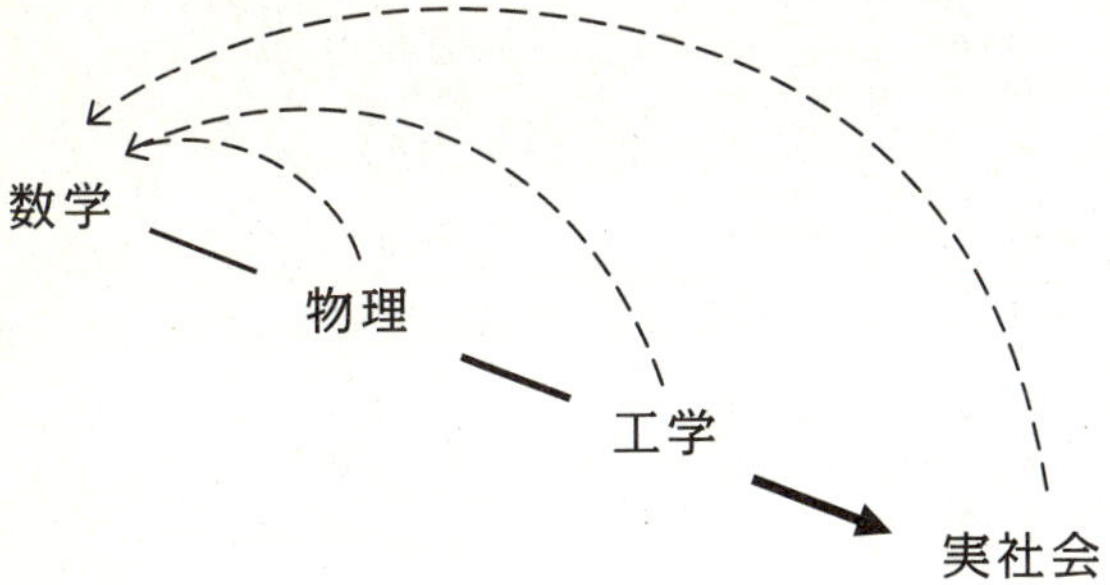

役立つにはループが重要

な大循環は、数学と社会の呼応にもあてはまります。実際にある問題から新しい数学が生まれたりもして、全体でループを描いているようなイメージです。

このループをまわすためには、現実を見て抽象化し、数学の土台に持ってくる力が必要になります。現実を見て式を立て、また現実を見て式を修正して……といったフィードバックのループを通じて、時間をかけて現象をしっかり捉《とら》えていくのです。

――実際、数学を使うとなると、やっぱり数式が頭に入っていなければ難しいですよね。

そうだね。語学と一緒で、いくら外国の文化を知っていても、単語や文法を知らなければ会話できない。数学でもトレーニングは必要になります。その一歩として、まずは前回お話ししたように、

イメージを持つ

生き生きした数式イメージを持つことが大事です。機械的にxやyを使って関数を書いていても、それだけでは現実と結びつきません。

2章でも触れた、サイン、コサインなどの三角関数は、現象を捉える際、頻繁に登場します。音波、電磁波、光などの波は、ぜんぶ三角関数で表せる。三角関数は「フラフラ」、上下左右に揺れるイメージを持っていると、だんだん使える道具になっていきます。

もうひとつ、覚えておくと便利な関数が「指数関数」$y=e^x$です。これはネイピア数といわれる$e=2.71828$……のx乗を表していて、xが増えれば増えるほど、急激にyの値が大きくなっていきます。

たとえば物に亀裂《きれつ》が入ったとき、裂け目は一気に伝わっていくでしょう。このような急激に変化する自然現象は、指数関数で表現できる。自然現象、金融工学や社会科学などにおいて、急成長を表現するときに必ずといっていいほど登場する関数です。「イケイケ」のイメージを持っていると頭に入りやすい（笑）。他にも「共振《きょうしん》」という現象で、電波の受信や、地震が起こったときの建物の揺れなどを表すときに使われます。

――2日目の授業で出てきた微分《びぶん》も「スローモーション」と考えると、ちょっと親しみがわきます。

そうでしょう。それに、数学ぜんぶをパンパンになるほど覚えなくても、三角関数、指数関数、微分を知っていれば、かなりのところまでいけます。私たちが最先端の研究をするときでも最初にイメージするのは、ほとんどこの3つくらいですから。イメージを持てる数式を増やしていって、あとは必要に応じて自分で広げていけるといい。

そして、ただ丸暗記するのではなくて、ストーリーで因果関係を捉えることですね。「Aが来たから、次はBの関数がほしくなるな」とか、自然なストーリーで頭に入れていく。それができるようになると、これまでとはちょっと違う景色が見えてくるはずです。

4つの壁を飛び越えて

ところで、この川の流れの中にある数学、物理、工学、実社会には、それぞれ壁があります。

まず、数学者と物理学者の間には、文化の違いがある。数学はふつう、理想的な世界を規定し、登場人物をすべて定めてから研究をはじめます。一方、物理は、数学にくらべると生の現実を相手にすることが多いので、研究のスタート時点では暗闇に飛び込んでいくような怖さもある。途中で思わぬ登場人物が現れて、筋書きがどんどん変わってしまうので、経験や直観で論理を補いながら前に進んでいくイメージです。

理想郷に慣れた数学者は、現実のゴチャゴチャしたいい加減な世界を嫌って、物理のほうに歩み寄ることをためらう人も多いです。そうなると、数学の武器が閉じた世界の中だけで使われ、眠ったままになってしまうこともある。

さらに、物理から工学の間にも壁がそびえていて、それぞれ頭の使い方が違います。物理など理学系の人は、「なぜこうなるか（WHY）」という原理を明らかにするところに興味を持っています。それに対して現実社会と関わりの深い工学では、問題が先にある場合が多く、「どうすれば解決するのか（HOW）」という具体的なアイディアを考えることが重要な仕事です。

最後の工学と実社会にも、もちろん壁があります。当たり前ですが、いくらすごい研究でも、社会のニーズがなければ注目されない。そして、実社会の現場では、「なぜかわからないけど、こうすればうまくいくんだよなぁ」という職人芸の技術がたくさんあります。現場は研究者から見れば宝の山なのに、それを十分拾いきれているとはいえません。

数学から実社会へのループをまわすためには、こうした壁を越えていく、懸け橋になる人が必要になります。みなさんにもそんな人材になってほしいですが、そのためには、どのような分野でも縦横無尽に頭をつっこんでおいたほうがいいと思う。

私の研究室では、毎週、外部から講師を招いてセミナーを開催していますが、今日は会社の経営者、来週はミツバチを育てている人、その次はお坊さんとか、様々な分野の人たちに話してもらっています。

——面白そう。何のゼミですか？

非線形ゼミです。「人生非線形だ」とかいって、看護師さんを呼んだときは、「老人介護の床ずれの問題を数学で解け！」ってね（笑）。

非線形と何の関係があるのか、無茶苦茶に見えるかもしれないけれど、いろんな球をごちゃまぜに投げかけて、まずは思考の凝りかたまりをほぐしていきたいのです。これを何年かくり返すと、頭の中がいい意味でかきまわされて、どんなことにも対応できる人材になるんじゃないかと期待しています。

ソリトン。形を変えずに伝わっていく波やエネルギーのかたまり

崩れない波のかたまりを解く
——ソリトン理論

それでは、実際に私がやってきた数学の応用例をいくつか紹介したいと思います。社会とリンクするときには、「数理科学」といわれる、数学と物理のちょうど中間くらいの領域の道具を使うことが多いです。これは応用数学の新しい分野で、様々な最新の武器がそろっています。その中で、私が博士課程のとき、どっぷりと浸《つ》かっていたのが「ソリトン理論」という数学でした。最初に、私が初めてソリトン理論を使って商品開発に携わったときのことをお話ししましょう。

前に、非線形にはふたつあって、「解けないものはカオス、解けるのはソリトン」とお話ししましたね（１１２ページ）。ソリトン理論は、代数と解析《かいせき》を合わせた代数解析という分野のもので、その根本にある理論は実はスーパー難しい（笑）。１９６０年代から１９８０年代の間に、日本人が中心になって基礎を築き上げた理論で、現在に至るまで日進月歩で研究が進んでいます。

ソリトンとは、「崩れない波」のことで、かたちを変えずに伝わっていく波やエネルギーのかたまりのことをいいます。押し寄せてくる津波や、噴火する前に地底からマグマがぐわーっと上ってくる、あのかたまりをイメージしてください。

お互いにぶつかっても壊れることなく、反射したりすり抜けたりする、非常に安定した波のかたまりで、少しぐらい動きを邪魔しても崩れません。もちろん外から大きく力を加えると壊れてしまいますが。

こうしたエネルギーの大きな波を数式で表すと、ふつうは非線形になり、しかもカオスが関わってくるので解けません。しかし、いくつかの条件を満たすと、きれいに解けて答えがわかることがあります。どういう条件のときに解けるか、代数を使って分類したものがソリトン理論なのです。

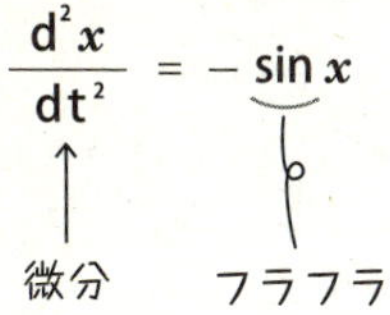

ソリトン理論のひとつ

地震があると、津波警報がテレビで流れますが、あれもソリトン理論を使って計算されています。海で発生した津波が何分後に岸にたどり着くかは、津波の速度がわかれば計算できますね。さざ波のような小さな波であれば、速さは簡単に

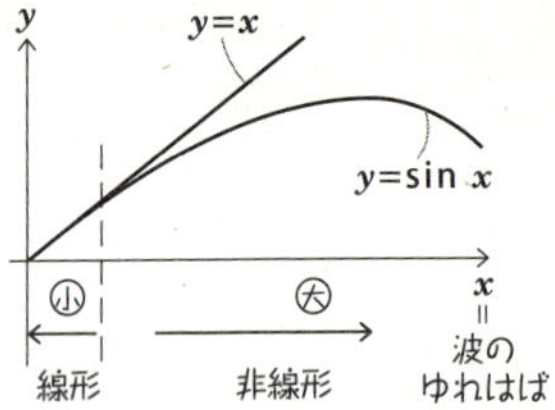

計算できますが、津波のような大きな波は、理論的に扱いが難しい。

──小さな波が簡単で、大きな波は難しいって、どういうことですか？

　小さな波は、水の速さや圧力、密度などの変動量も小さくなるので、そのいくつかは無視できる場合もあるのです。こうした要素の相互作用は、数学の式の中では掛け算で表します。小さなもの同士を掛け算すると、たとえば「0・01×0・01＝0・0001」と余計に小さくなる。だから相互作用をないものとして考えても差し支えなくなるので、扱いが簡単になります。つまり、小さな波の場合、変動をもたらす要素をバラバラに考えることができ、線形として扱えるのです。

　一方、大きな波の場合は、すべての変動量が大きい。大きなもの同士を掛け算すると、当然、元よりずっと大きくなるから、すべてを無視できなくなって、同時に考えなければいけないのですね。したがって、非線形を直接相手にしなくてはいけない。このとき、もし運よくソリトン理論が適用できれば、津波の速さを計算できるようになる。

微分方程式を解いて波の動きがどうなるかを計算するのですが、この方程式をソリトン理論で解きます。ほんのさわりだけ説明すると、127ページの式がソリトンの方程式の簡単なもののひとつです。

2章のコップの中の水面の式では、右辺が$-x$でしたね（86ページ。表面張力を$-x$と置きました）。今回は$-\sin x$です。

$y = \sin x$のグラフを思い出してもらうと、xが小さいときは、$y = x$に非常に近いかたちになる。つまり、小さな波はx、大きな波は$\sin x$と書けるのです。2章の式の「非線形」バージョンが、このソリトン理論の式だと思ってください。

さて、津波を表す式も、このような非線形の式になりますが、それは水の動きを表す一般的な運動方程式（「ナビエストークス方程式」という、非常に複雑な非線形の式です）をちょっと簡略化したもので、それをソリトン理論を使って解いていくのです。

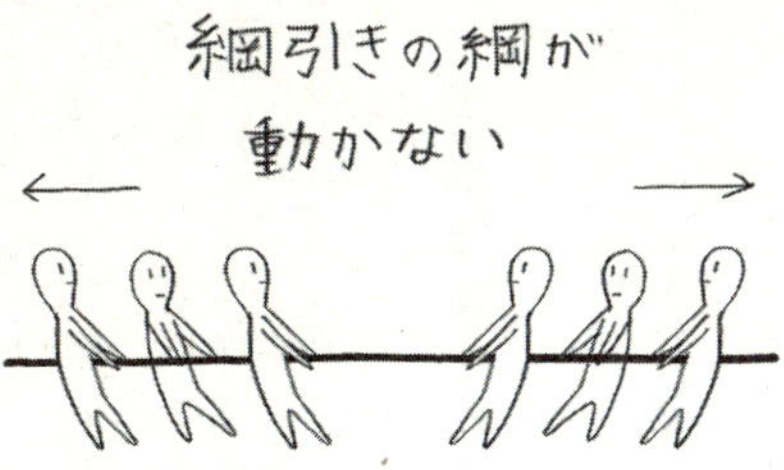

ソリトン理論が使えるとき（イメージ）

――解けない津波もあるんですか？

はい、2章のカオスのところでも触れましたが、

「解ける・解けない」というのは、ちょっとしたバランスで決まるのです。たとえば海底に大きな窪《くぼ》みがあったりすると、津波のバランスが崩れて数学的には解けなくなる。

様々な力が作用している中で、その力の加減があるバランスをもってきれいに拮抗《きっこう》して崩れないとき、ソリトン理論が使えて、その崩れない波のかたまりの速度がわかる、というイメージです。運動会の綱引きで、両チームの力が同じときには綱は動きませんね（129ページの図）。そんなふうに安定している様子を想像してもらえるといいかな。

問題解決屋——沖ノ鳥島まで

私は10年以上前から、問題解決屋みたいなことをボランティア的にやっていて、時折、様々なメーカーの開発現場の人たちが、研究室を訪ねてきます。新商品をつくりたいのに、何らかのトラブルが起きて設計通りにつくれないとか、解決策が見つからなくてどうしようもない、そんな末期的な症状で私のところにやってくる（笑）。

機密情報なので、くわしくは言えませんが、たとえば、ある物の亀裂《きれつ》の発生を防ぎたいとか、機械の振動がどうしても収まらないとか、いろいろな分野の問題を教えてくれます。資料の持ち帰りは厳禁で、会ったときに直接、困っていることを聞く。私はその場で数時間考え、数学に落とし込んで問題を解き、解決のためのアイディアを伝えるのです。

——すごいな。だいたい解けちゃうんですか。

すぐには解けない難問ばかりだけれど、何度かトライしているうちに解決することもあります。企業の人たちはみな、匙《さじ》を投げかけたところでやってくるので、自分が最後の砦《とりで》かと思うと、なんとか解いてやろうと燃えるよね（笑）。

今もいろいろなことをしていますが、たとえば日本の最南端の沖《おき》ノ鳥島《とりしま》ってあるでしょう。あそこは日本の領土ですが、保全がとても大変です。日本から船で様々な物資を運んでいくのですが、これが大仕事なんですね。行くだけで約1週間かかるし、天気が悪くなると船は前に進めません。どのようにすれば効率よく沖ノ鳥島に資材を持ち運べるか、そんな問題も寄せられています。

——そんなことまで!?

はい、なんでも数学を使って解決しようとしています（笑）。現在、関係会社が多数集まって、数学でどこまで現実の問題を解くことができるか、検討会をしているところです。

また、さかのぼって約10年前のことですが、このときは、あるプリンター会社の人がやってきました。家庭用のインクジェットのプリンターを開発中だったのです。

このプリンターの特徴は、とにかく薄くて小さくて静かなこと。プリンターにはインクがついていますが、当時のふつうのプリンターのインクタンクは、印字ヘッド（紙の上を左右に動いてインクを吹きつける部分）にとりつけてあり、これと一緒に高速で動いていました。そうなると、重いインクタンクをガチャガチャ動かすことになるので、印刷時の音がうるさくなりますね。

その会社で開発中のプリンターは、別の場所にインクタンクを置いて、チューブで印字ヘッドにインクを送って印刷するものでした（左ページの上の図）。これで印刷時の音は圧倒的に静かにできます。

ですが、このインクを送るチューブが問題になっていた。チューブの一方の端はインクタンクに固定されていて、もう一方の端は印字ヘッドにくっついていますが、それが印刷するたびに高速に左右に振れます。このとき、チューブが暴れすぎてしまって、プリンターのケースに当たってしまう。

どうすればチューブの動きをコントロールできるか、これが解決できなかったのです。企業の人たちは、2000万円ぐらいするシミュレーション・ソフトでチューブの動きを解析していたのですが、実験結果と実際のチューブの動きとがまったく合わず、対策が立てられなかった。

私は、チューブの動きを、数学とコンピュータシミュレーションを使って解いたのですが、このとき使ったのがソリトン理論でした。

ソリトン理論は、ひもの動きにも使えます。水面の波を縦に切り取ったかたちは、ひもがたわんでいるようにも見えるでしょう。ピンと張ったひもの端を動かすと、たわみが伝わっていきますが、このたわみ波もソリトンなのです。

チューブの先端が動くと、チューブが大きくたわんで波が発生する。その動きに対する

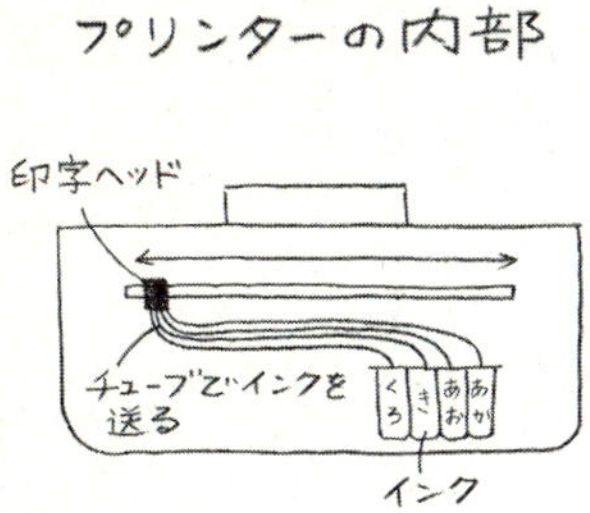

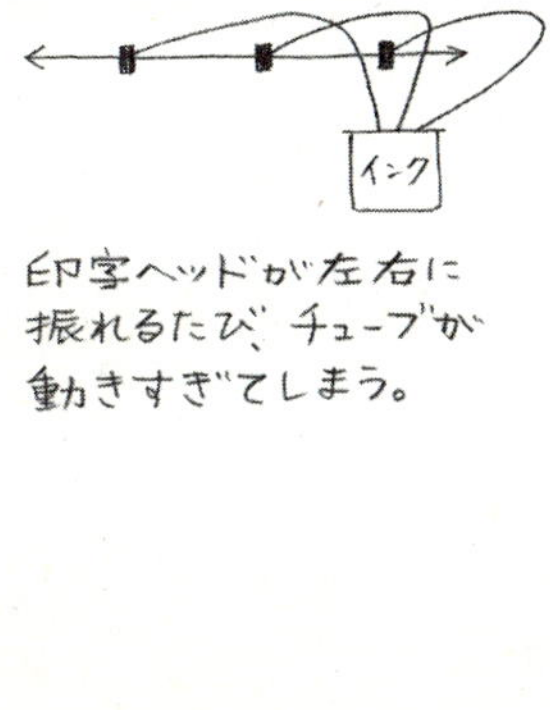

微分方程式を立てたところ、ソリトン理論を使って計算可能になったのでした。

もちろん、はじめはうまくいかなかった。チューブの動きを見て、直観と理論で数式を導いても、実際にプリンターで実験してみると合わない、という期間が1年ぐらいつづきました。試行錯誤しながら実験とモデルの修正をくり返すうちに、解決策が見えてきた感じです。

——ソリトンで解けるかどうかは微妙なバランスで決まるんですよね。ということは、このチューブの動きが、たまたまソリトンで解けるもので、運の良いプリンターだったということ?

そういえるかもしれない(笑)。ちょっと動きが違うものだったら解けなかったですね。何でも解けるわけじゃなくて、ソリトン理論が使える条件を満たすかどうか、運も大きい。

こうしてチューブまわりの設計がうまくいき、商品化に成功しました。うれしいことに、いまだに売れつづけている商品ですし、私の研究室でも大活躍しています。

今日、はじめにお話しした「数学と社会のループ」にあてはめて説明すると、ふつうはチューブやベルトなどのたわみを研究している人は、おそらくソリトン理論とは無縁の「弾性力学(材料の変形や破壊などを研究する分野)」といった工学の世界にいます。この問題は、工学の弾性力学と、数学のソリトン理論、そして幾何も使ったのですが、それらの新しいコンビネーションによって解決できました。

2000万円のソフトより、紙と鉛筆と数学で

――2000万円のコンピュータソフトは、どうして解けなかったのですか。

そのソフトウエアでは、非線形の現象を数式で表す際の捉《とら》え方が甘かったのです。チューブのたわみをうまく表現できていなかった。

このソフトは、ある力をかけたとき、対象となる材料がどれだけ曲がるかなどを計算するもので、世界標準で使われています。ただし、力が急に変動したり、材料の変形が大きくなると、誤差が大きくなってしまうのです。このときのプリンターは、印字ヘッドは高速で動くし、チューブも大きくたわむので、計算が合わなかったのですね。

コンピュータは、「言われた通りのこと」しかできないものです。そして、解けないものも解けるものも一緒にしてしまって、とにかく答えを無理やり出してしまう。

その原因は、たいてい、計算ソフトがカオスなどの非線形を適切に扱っていないから。非線形の扱いが難しいので、非線形をしばしば線形に簡略化してしまうのですね。そうすると、本当は解けていないのに、さも解けたかのように答えを出して誤りを犯す。非線形

をまともに扱うのがソリトン理論で、それを使えるソフトは、まだほとんどありません。

今の計算ソフトは、ほとんどがブラックボックスになっていて、様々な問題を解いてとりあえず答えを出すのですが、でもそれをどうやって計算したのか、多くの人は知らない。だから、コンピュータが出した答えが合っているかどうか、検証がなされないことも多いのです。

——コンピュータの間違いに気づくことも大事なんですね。

そう、経験を積めばある程度わかるようになりますが、とにかくコンピュータに任せっきりはよくない。人間の素晴らしいところは、細かい部分に気をとられないで、大まかに本質を捉えられることです。「ここに力をかけたら、こう曲がるはずだ」というのは、人は感覚的にわかるものですが、コンピュータはそれができない。だから、コンピュータの計算結果を一歩引いて、大局的にチェックするのは、人間の大切な役割になる。

このとき大切なこととして、ひとつ例を挙げましょう。「船の長さを測りなさい」という問題の笑い話で、船の横に鉄板をはめるために、その鉄板の長さを出さなければいけないのですが、船ってものすごく大きいよね。これをどう測るか。

ひとりの技術者は、30センチの物差しを何回もあてて、線を引いて細かく測っていった。結局、「51・4メートル」などと出しました。もうひとりは、いい加減なんだけれど、10

メートルぐらいのロープを持ってきて、かなり大ざっぱに測った。ロープだから、たわんだり、場所がズレたりするけれど、「このロープで4回分ぐらいだから、だいたい40メートルかな」と答えました。

全体を正しくつかんでいるのはどちらかというと、実はロープで測った人だったのです。30センチの物差しで測った人のほうが、10メートルぐらい間違っている。

――せっかく細かく線を引いたのに……。

苦労が水の泡ですね。細かく1ミリ単位で測っていくと、知らず知らずのうちにその人のクセが出たり、ズレが大きくなったりするわけです。それより大まかに把握したほうが正しくなることもある。スケールが大きいものほどそうで、直観で一発で答えたほうが正確だったりする（笑）。もちろん、対象が小さなものだったら、細かくやるべきだと思います。

これは「ズームインとズームアウトの思想」といっていますが、どちらかだけでもダメで、両方できる人が強い。細かく見ている自分と、距離をとって全体を見ている自分と、カメラのレンズを調整するように、いつも入れ替えることができるといいですよ。

数学を使って、宇宙のゴミを拾う？

ソリトン理論を使ってプリンター内部のチューブの動きを調べた後、この研究は思わぬ応用に広がりました。それが宇宙のゴミ問題です。

——宇宙にゴミ問題なんてあるのですか？

地球のまわりの宇宙って、実はゴミだらけなのです。宇宙にあるゴミは「スペースデブリ」といわれますが、壊れた人工衛星や、そのかけら、宇宙飛行士の手袋など、大小様々なものを合わせると数百万、数千万にものぼる。こういったゴミが高スピードで地球のまわりの軌道をまわっているわけですが、宇宙船に衝突したりすると大事故になるので、ずっと問題視されているのです。

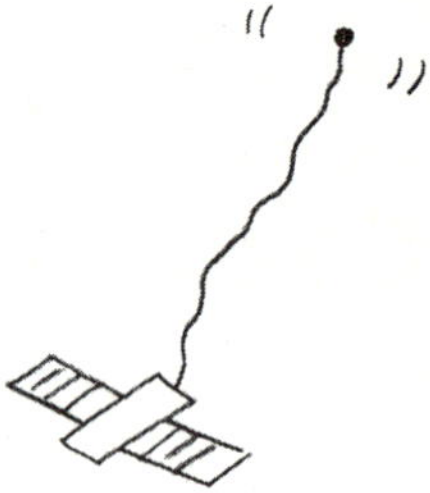

テザーの暴れをどうやって抑える？

宇宙のゴミを回収するときは、カウボーイじゃないけれど、ひもを投げてひっかけて引っ張る方法があります。その際、ひもを宇宙船や人工衛星から出し入れしているうちに、暴れて切れちゃうことがあるんです。これを「スパゲッティ問題」と呼んでいます。スパゲッティを食べるとき、麺《めん》をすすって短くなってくると先のほうが暴れて、トマトソースが服にはねたりするでしょう。あれと同じこと。掃除機のコードをしまうときも、みなさん経験あるよね。

宇宙で使われるひもを「テザー」といいますが、このテザーを宇宙船から送り出したり巻いたりするときの暴れをどうやって抑えたらいいか、それが今回の問題です。

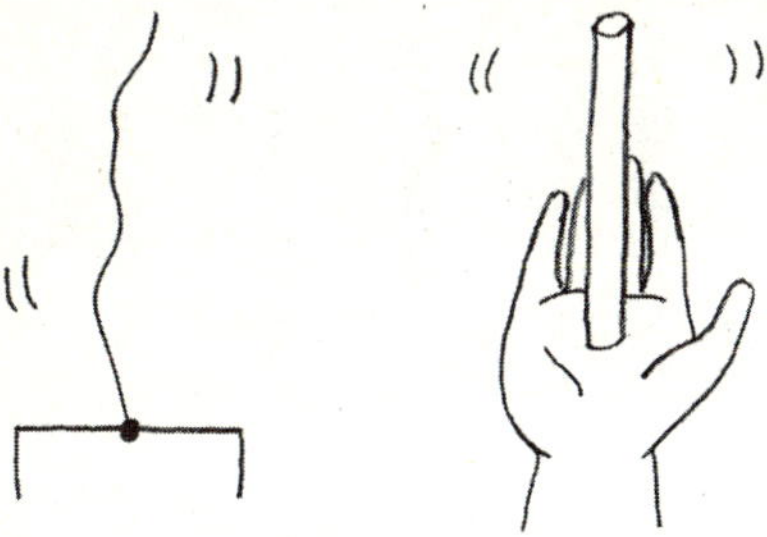

ヨコの揺れを抑えるには…

予想できる？　ひもの根っこの部分しか持てなくて、ブランブランと揺れている先をどのように抑えるか……難しくて、これも1年間悩みました。最終的には研究室の学生が、ＮＡＳＡでもなかなか解けなかった問題をソリトン理論で解いてくれたのですが、どんなふうに解決したか。

まず、ひもの暴れを抑えることを考えたいですが、どうすればいいと思う？

——揺れているのと反対の波長を根元に加える。

あ、いきなり目のつけどころが良い！　ひもの動きは単純な波ではないので、波長を的確に予測して根元を動かすのは難しいです。でも、根元を何らかのかたちで動かすという発想は、とても良いです。

この制御を実現する機械をつくるためには、まず、ひもがつながっている根元に何か簡単な仕掛けを考えてみることがベスト。それ以外の、たとえば遠隔で電磁波を使うなどという方法もありますが、大掛かりになるし、コストも高くなりそうだよね。

とりあえず仮説として、「根元をある方法で動かすと揺れは止まる」としましょう。それでは、根元をどうすればいいか。

——ひもは横方向にブラブラ揺れますね……その方向にうまく動かすのかな。

動きの方向に注目してくれましたが、そんなふうに対象を分解することは大事です。そこからつなげて、揺れているひもを横方向と縦方向、つまりひもに対して垂直方向と、ひもに沿った方向に分けて考えてみよう。

さらにイメージを強く持つために、身近なもので当てはめて考えてみましょうか。手のひらに棒を立てて、倒れないように保つ遊びを思い出してください。棒が倒れようとするとき、その倒れる方向に手のひらを素早く水平に動かせば、かなり長い時間、棒を立てていられますね。これ、ちょっと近い気がしませんか。

——同じように、ひもが曲がり始めたら、その方向に根元を動かす?

そう、私たちは、まずそれをやってみました。しかし残念ながら、あまりうまくいかない（笑）。やっぱり棒と違って、ひもはフニャフニャですから、手のひらを横方向に動かしても、ひもの先まで直接コントロールできないのです。

じゃあどうするかというと、「横でだめなら縦に動かしてみよう」と思いついた。完全に口から偶然出た言葉でした。

縦方向に動かしながらシミュレーションしてみたところ、横揺れが収まる場合を見つけられたのです。縦方向に動かすと、揺すった波が弾丸みたいに通って、ひもをピンと伸ばしてくれる。根本から縦のエネルギーが入ることによって、先っぽの揺れている横方向のエネルギーをうまく静めてくれるイメージです。

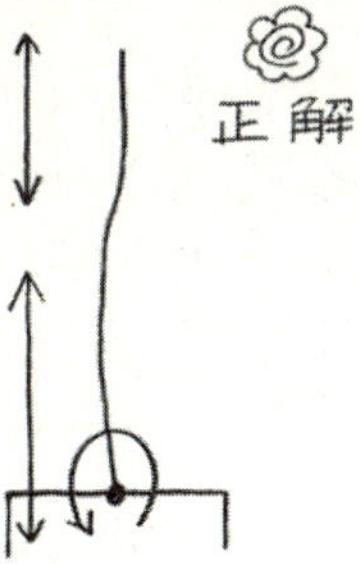

正解。タテ方向に揺らしながら巻く

さて、ここまで工学や物理的な見方で暴れを抑える方法を導ければ、最後は数学の出番です。どういう条件でひもの横揺れが収まるかを解いていきます。

まず、縦に振動を加えたときのひもの動きを微分方程式で表します。その方程式を解析するのですが、これは「マシュー方程式」というものを使う。「揺らす」という効果が入っているので「フラフラの三角関数」のサインやコサインが入ってくる線形の方程式です。2章の「コップの中の水面の式」（86ページ）に近いのですが、それよりは少し難しい。

これを解くことで、ほぼ揺れが収まる条件がわかりました。私の研究室の学生が論文を書き、その後、また別の学生が研究を発展させて東大で博士号をとりました。彼がアメリカで研究発表したとき、NASAの技術者から大いに注目されたと聞いています。

現象を見て、そこから数学の土台に引っ張っていく過程をお話ししましたが、なんとなくイメージできたかな。ここから先は、実際に宇宙工学の技術者が判断することで、このアイディアが実際の環境で本当に有効かどうかは、私ではわかりません。ただ、宇宙空間で実験してみる価値はあると思います。もし、うまくいかなくても、論理的にどの部分の仮定がよくなかったのか、何度も思考のループをまわしつづければ、正解に達するはずです。

「コピーマシン」をつくる方法――セルオートマトン

それでは、私の現在の専門である渋滞学についてお話ししたいと思いますが、その前に頭の準備運動として、数学的な「コピーマシン」のつくり方を教えます。まずノートに横一列で、「00111010000……」と書いてください。この数字の右と左には、ずっと0が並んでいると思ってくださいね。次に、下の行に0と1を書いてほしいのですが、それは次のルールに従って書いていってください。

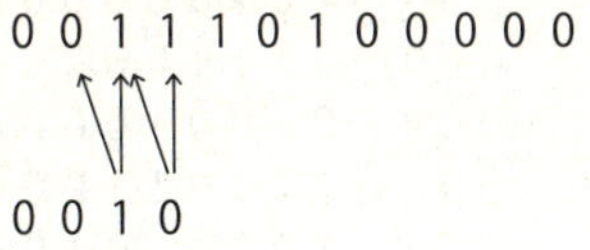

ルール：左上と真上の数字が違うときは「1」同じときは「0」

①真上と左上の数字が同じとき、つまり「0と0」「1と1」のときは「0」。
②真上と左上の数字が異なるとき、つまり「0と1」「1と0」のときは「1」を書く。

これを8回つづけます。だんだん1が右に伸びてくると思いますが、そうしたら右端に0を付け足してつづけてください。

――わけがわからなくなってきました……。

ひとつでも間違えるとズレてしまうから注意して。機械になりきってコツコツやるとうまくいきます。さて、8回くり返すと何が出るか。

0 0 1 1 1 0 1 0 0 0 0 0 0 0 0
0 0 1 0 0 1 1 1 0 0 0 0 0 0 0
0 0 1 1 0 1 0 0 1 0 0 0 0 0 0
0 0 1 0 1 1 1 0 1 1 0 0 0 0 0
0 0 1 1 1 0 0 1 1 0 1 0 0 0 0
0 0 1 0 0 1 0 1 0 1 1 1 0 0 0
0 0 1 1 0 1 1 1 1 1 0 0 1 0 0
0 0 1 0 1 1 0 0 0 0 1 0 1 1 0
0 0 1 1 1 0 1 0 0 0 1 1 1 0 1

9段目でコピーができる

9段目は、「001110100011101」となりますね。1段目にあった「11101」が隣にコピーされている。

このルールで数字を下に並べていくと、実は最初の行にあった1から始まって1で終わる数字の文字列が、必ず隣にポンと出るのです。こんな簡単なルールで、自分と同じ分身が隣にできるって、すごいと思いませんか。

——不思議。このルールでは9段目にコピーができたということですよね。このルールは、どうやって見つけられたのですか？

たまたま誰かが遊んでいたときに見つけたとか、やってみたらこうなった、というものが多いかな。ルールって何でもいいじゃない。さっきは左上と真上の数字によるルールだったけれど、右上と真上の数字の場合はどうなるかとか、ルール設定を変えてみると、また別の現象が現れる。興味があったら、それぞれ試してみてください。

これは、渋滞学でも大活躍する考え方で、代数の分野に入る「セルオートマトン」というものです。

セルオートマトンは、「0と1」と、それを変化させる「ルール」を使って世の中の現象を0と1の動きで表現する数学で、フォン＝ノイマンが1950年代に考案しました。

彼は20世紀を代表する天才で、前回紹介したゲーム理論をつくっただけでなく、このセルオートマトンも考案し、さらに私たちが使っている計算機もつくった人です。凄《すご》すぎますね。

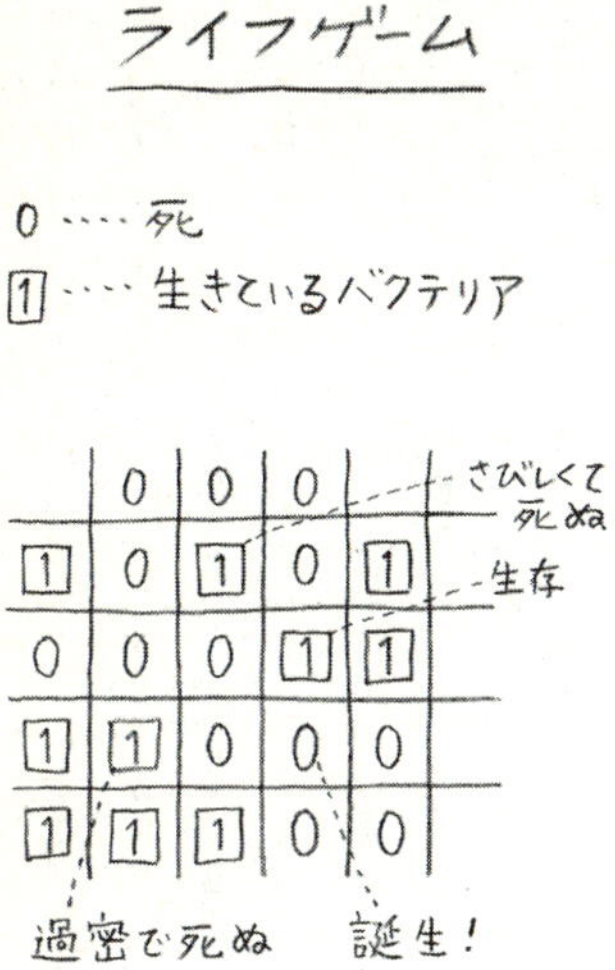

ルール

誕生：まわりに[1]が3つあるとき（0→[1]）

生存：まわりに[1]が2つか3つ（[1]→[1]）

過密：まわりに[1]が4つ以上（[1]→0）

過疎：まわりに[1]が1つ以下（[1]→0）

そして1970年代に数学者のジョン・ホートン・コンウェイがつくった「ライフゲーム」で一気に広がった。ライフゲームといっても「人生ゲーム」ではないですよ。1と0でバクテリアの繁殖モデルを表すコンピュータゲームです。

先ほどのコピーマシンは1次元的な並びで、横1列の直線上に動いていくものでしたが、ライフゲームでは0と1を2次元的に並べます。

セルオートマトンの「セル」とは細胞や小部屋という意味で、容《い》れ物である枠を指します。「オートマトン」は自動機械を意味しますが、ルールを決めれば自動的に動いていくものということですね。そして通常は1が粒子や生物などを表し、0は、それが「いない」状態を表すことで、粒子の動きをシミュレーションしていくのです。

ライフゲームでは、1が「バクテリアがいる（生きている）」ことを表し、0は「いない（死亡している）」状態です。1の周囲に、ある程度仲間が多くなると過密になって1は死に、0へと変わります。あまりに周囲に仲間がいなすぎる場合も、過疎のために死滅する。

そして近くに適当な仲間の数が集まると、子どもが生まれて「0」が「1」になります。くわしくは145ページの図のようなルール設定のゲームです。

こうしたルールで、1がどのように空間に広がっていくかを見るのですが、これによってバクテリアの増殖という複雑な現象がシミュレーションできる可能性があるのです。

1と0で複雑な現象をシミュレーションする

セルオートマトンは渋滞の解析にも使えます。少し簡単に人の動きを例にして説明しましょう。「人がいれば1」「いなければ0」として、人の状態を0と1を使って表現します。たとえば、ドアの前に5人の人が並んでいて、何秒後に全員が出ていくかを見てみましょう。

まず、動きを表すルールの設定をしますが、人間は、前に人がいると動けないでしょう。乗り越えていくわけにいかないから（笑）。だから、「自分の前が空いているときだけ進む」という簡単なルールをつくる。

すると、1秒後に先頭の人がドアから出ていって、先頭が空いて「0」になる。2秒後は、前が空いたので、2番目にいた人が先頭に進みますね。これをずっと書いていくと、何秒後に全員が出られるか。

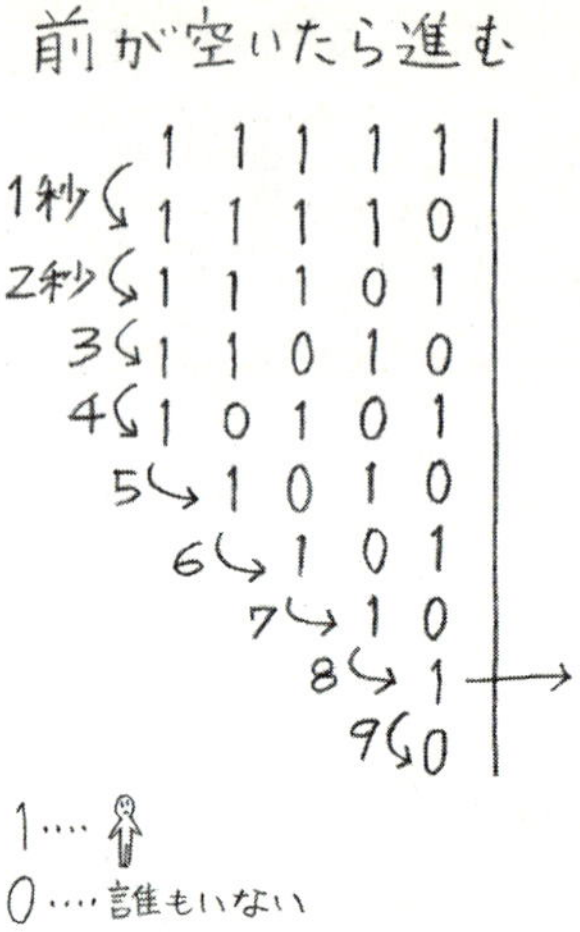

――9秒。

そう、9秒で全員がドアから出ていけるとわかる。この例は小学生でもわかるように単純化していますが、セルオートマトンを本格的に使えば、複雑な車や人の流れのシミュレーションが簡単にできるのです。羽田空港が2010年10月から国際化しましたが、その物流ターミナルのシステム設計を、私たちの研究室がセルオートマトンを使って手伝いました。

セルオートマトンはルールの設定が命で、これがうまくできれば、どのような現象でも再現できる可能性を秘めています。微分方程式は最も使える最強の道具ですが、複雑な非線形現象になると式を立てにくくなるし、式を立てられたとしても解けなくなる。そこで出番がまわってくるのがセルオートマトンなのです。

ルールを変えるだけでどんな現象にも対応できるので、複雑な現象のシミュレーションに向いている。ルールの設定の仕方は、まだ研究が進んでいないため、経験と直観に頼る部分も大きいですが。

セルオートマトンは、社会現象や水や空気の動きをシミュレーションするときにも使われますが、最近は複数の飛行機が3次元的に、空をどのように交差せずに飛ぶかなどを研究するのにも使われています。

また、イギリスでは、携帯電話の電波

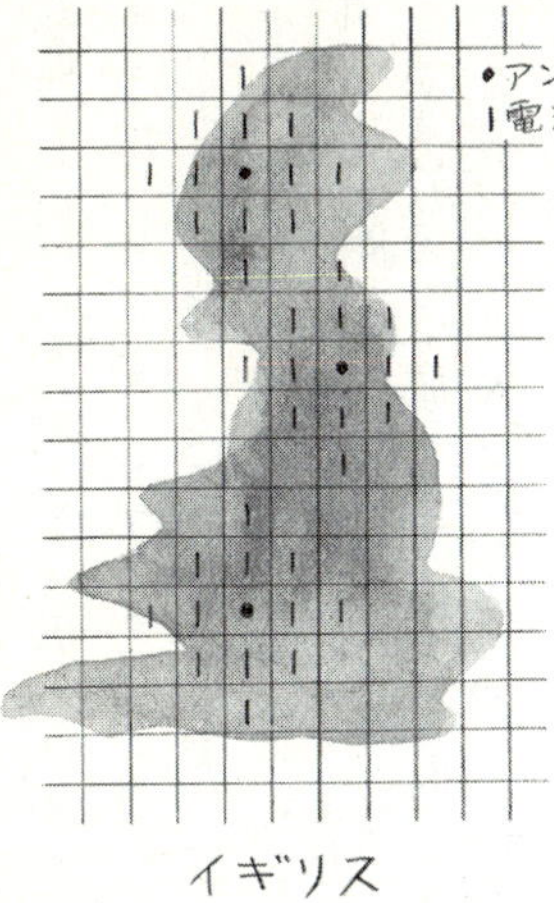

塔の設計にセルオートマトンが使われたこともあります。電波塔が発する電波は、限られた範囲にしか届きませんよね。電波を拾えないと、携帯電話を使えなくて不便ですし、あまり多く電波塔を建てすぎてもムダになる。

どのように電波塔を設置すべきか、少ない数で効率よく電波を届けるにはどう置けばいいかということを、セルオートマトンでシミュレーションして設計したという論文が、少し前に発表されました。

――「電波が届く／届かない」を、1／0と置くということですか？

そうです。イギリス全体をセルに区切って、基地局を置く場所を設定したとすると、基地局が発する電波が届く場所は、だいたいその周辺に広がっていきます。149ページの図は単純化したイメージ図で、もちろん実際は非常に複雑なセルです。

コンピュータ上で、電波が届く1を生成していき、電波が届かない0を最小に、1の重複部分が少なくなるように自動調整していく。そうすると、効率よく電波塔が立てられるのです。ちなみに、このような1と0の置き方は、数学では「ボロノイ図」と呼ばれ、幾何学の分野などで研究されています。

セルオートマトンは単純な仕組みで成り立っているので、小学校からでも勉強できるし、高校でも微分・積分と一緒にセルオートマトンをやったほうがいいと思うくらい強力なツールなのです。

大嫌いな渋滞を、研究対象に

――「数学を使って社会の役に立ちたかった」とおっしゃっていましたが、先生は、いろいろある中で、どうして渋滞の研究を選んだのですか？

なるべく人がやっていない領域で、しかも実現すれば効果がものすごく大きいものを探していたのです。調べてみたところ、道路の交通渋滞による経済損失は、なんと年間12兆円にもなる。年間の国家予算の約7分の1です。これが解消できればインパクト大きいでしょう。

それと、私が博士課程の際に研究していたもののひとつは流体力学というものでした。これは物理の中でも古くから様々な研究がなされてきた分野ですが、その専門家の多くは水や空気を研究対象にしているので、車や人、物の流れなんて、ほとんど誰も手掛けていなかったのですね。でも、同じ「流れ」つながりで、相性が良さそうだという直感があった。

また、個人的な理由では、自分が当時、毎日、満員電車に苦しめられていたことも大きかったです。実は、子どものころから渋滞や混雑が人一倍嫌いで、小学生のときには人混みでめまいがして病院に行ったこともあります。人混みの中にいると、自分がまるで何もできない石ころになったような気がして、固まってしまっていた。

——そんなに嫌いなのに、渋滞の研究をしているなんて……。

でもね、研究をいざ本気ではじめると、自分の中で不思議な変化が生じてきたのです。嫌いな渋滞をより深く知ることで、渋滞に巻き込まれても冷静に対応できるようになってきた。なぜ混んでいるのか、どうすればこの渋滞は起きなかったのか、一つひとつ分析できるようになってきたのです。

嫌いで遠ざけてばかりいると、何も発展はないよね。時には嫌いなものをあえて受け入れてみることで発見が得られるのだ、ということがわかりました。

でも、今日までの道のりは長く険しいものでした。私が渋滞の研究をはじめたのは15年ぐらい前ですが、まわりの反応は冷たかったですね。渋滞というと、コテコテの現実じゃないですか。そういうの、まわりの数学者や物理学者には嫌われるんですよ。学会で最初に発表したときは、聴衆ゼロだった(笑)。

——ええ！

泣きましたよ。誰も注目してくれない。でも、最低7年はつづけてやってみろ、と先輩から元気づけられ、しかも自分を信じていました。そして、絶対に渋滞研究は注目されると確信していました。なぜなら世界中で困っている問題だからです。

車の渋滞に関する研究は、もちろん交通工学などで研究されてきましたし、人の混雑に関しては建築工学でも扱われてきました。生物学者はアリの群れの研究をしてきましたし、情報学ではパケット通信のシステムの研究が進められていました。私は、こうしたものを分野の壁を超えて、同じ流れとして統一的に扱いたかったのです。

たとえば、体内にも様々なタンパク質の流れがありますが、それが渋滞すると病気につながるし、お店で品物が売れ残るのも渋滞だよね。恋愛にも渋滞がある（笑）。一方、渋滞といっても悪いものだけじゃなくて、感染病が蔓延《まんえん》したとき、その感染の広がりを渋滞させるのは好ましい渋滞ですね。

車、人、生物、インターネットなど、分野を超えて考えることで、渋滞の起こる仕組みの共通点や相違点を抽出し、そこから見えてくる新しい世界があるのではないかと考えていました。

そして、この研究の第一歩として、セルオートマトンが使えると気がついた。車や人、アリなど、とにかく渋滞を起こす主役を、すべてある種の「粒子」と捉《とら》えるのです。ある日、私の頭の中で、「1」が人やアリ、バス、車といったものに見えてきた。

こうして、人でもアリでも車でも、動くものなら何でも「1」と表して現実の世界を抽象化してみることで、一見バラバラのものが、根は同じであることが見えてきました。人もアリも車も、「前がつまっていたら進めない」という単純な共通点がある。これが研究の出発点です。

渋滞＝水が氷に変わるとき

渋滞学で最も難しく悩ましい問題は、対象として人間の行動を扱っているところです。2章でお話ししたように、人の行動はなかなか科学の対象になりにくい。

たとえば、知らない人が街を歩いていて、その10分後にどこにいるか、正確に当てられますか？　急に忘れ物を取りに家に帰るかもしれないし、トイレに行くかもしれないよね。これはまず予測不可能です。

しかし、集団になると、人間の複雑な行動は、ある程度制限されます。混雑してくると、自分の思い通りに動けなくなって、まわりに合わせなければいけないとか、みなさんも経験あるでしょう。その結果として、ある法則性が浮かび上がってくる。

集団行動における確固たる法則を探し、それを基盤にして科学的に集団の行動を考えようというのが渋滞学です。基本となる共通ルールに、車や人などの個性を反映した行動特性や心理学のルールを加味していく。

渋滞学では、物理学の手法をたくさん取り入れていますが、その中で主要なひとつが「相転移《そうてんい》」という考え方です。

相転移というのは、ある相《そう》が、別の相に移る現象のことで、相というのは、固相《こそう》（固体）、液層（液体）、気相（気体）と3つあります。すべての物質には3つの相があり、それが温度によって変わる。

水から氷になる瞬間って、見たことないでしょう。冷やし方にもよるけれど、たいていは0度で、一瞬で変わる。それまで流れていたものが、あるとき急にあわてて「氷にならなきゃ」と気がついて一気に固まる、そんなイメージです。相転移は急に起こる現象なのですが、これが実は渋滞が起こる現象と似ているのです。

車や人の渋滞の場合、相転移が何を指すかというと、流れている状態（水）から止まってしまう状態（氷）に変わることです。

それまでの交通工学では、渋滞が生じる原因といえば、事故が起こったとか、工事や料金所があるとか、そういうことから捉えていました。確かにその要因もあるけれど、でも、事故も工事も何もないのに渋滞が起きることってあるでしょう。

渋滞という現象全体を、ちょっと引いて大ざっぱに捉えてみると、「流れているか／止まっているか」ですね。その状態の変化を相転移と見ると、これまで使われていなかった物理や数学の武器が使えるようになってきます。そして、いつその流れが変化するか、という渋滞になる瞬間を精密に捉えることが可能になる。そうすれば、渋滞緩和の対策も早めに手が打てるようになるのです。

高速道路の渋滞は、どんなときに起きる？

それでは、渋滞学の課題を一緒に考えてみましょう。車の渋滞、とくに高速道路の渋滞について考えたいと思います。

問 高速道路の渋滞は、どうやったらなくせる？

みなさんも、家族で旅行に出かけたときなど、高速道路で大渋滞に巻き込まれた経験があるでしょう。たいていは事故も道路工事もないまま、いつの間にか渋滞から抜け出ている。渋滞の先頭部分に事故車があれば納得するけれど、何もないので、なぜ渋滞していたのだろうと不思議に思うわけです。この謎を解きつつ、渋滞を発生させないようにするには、どうすればいいかという問題に挑戦してみましょう。

さて、何もないときに渋滞が起きるのは、なぜだと思う？

――当たり前だけれど、車が多ければ渋滞します。

そうですね。そこから数学で考えてみましょう。どれぐらい車が多いと渋滞するかを数値化してみたい。

1キロメートルあたりに数台しかいなければ、明らかに渋滞しませんね。逆に1キロメートルあたり100台にもなれば大渋滞でしょう。であれば、渋滞していない「自由流」と、渋滞している「渋滞流」は、いつどういう条件で変化するのか、まずはそれを数学と物理で捉えてみます。

ここで使える数学が、先ほどお話ししたセルオートマトンです。まず、高速道路を車1台分強の長さである約7メートルごとに区切ります。そこに「車がいれば1」「いなければ0」として、0と1をセットする。そして、車が多いときと少ないときとでシミュレーションしてみましょう。ルールは先ほどと同じ、「前が空いていれば1が進み、つまっていれば進めない」という簡単なものにします。

まず、車が少ないときを見てみましょう。158の図中の上に描かれている道路と車が、

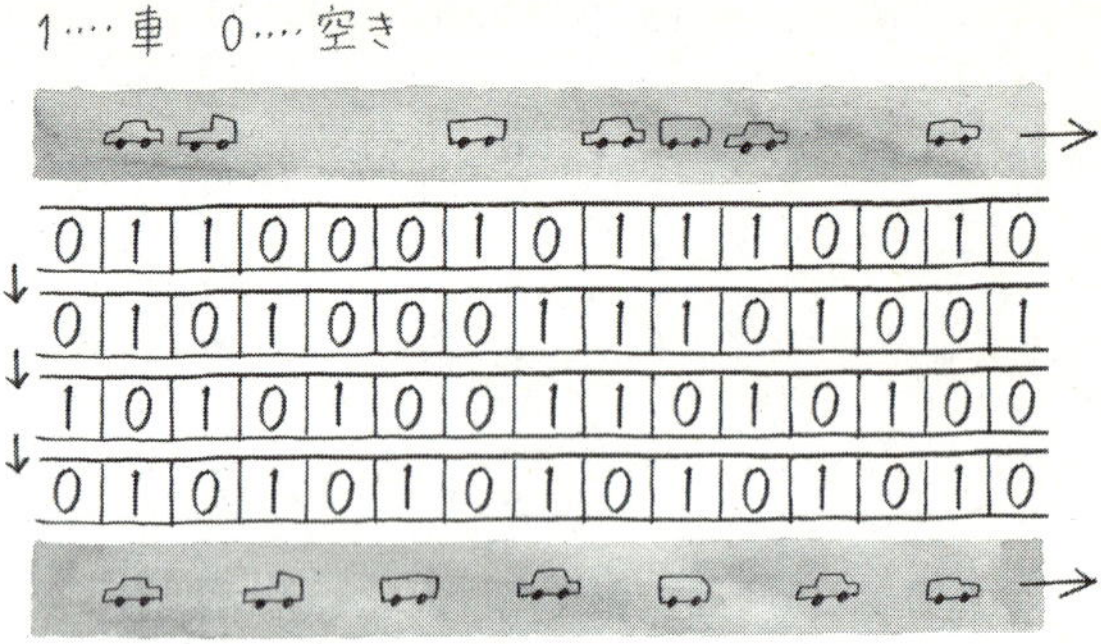

車が少ないとき。時間がたつと、適度にばらける

はじめの道路状況で、その時間経過による動きを1と0で表しています。少し時間がたった最後の段の道路状況を下に描かれた車が示している。

はじめ、3台の渋滞のかたまりがありますが、時間がたつと適度にバラけ、それぞれが自由に動けるようになっていますね。

次に、車が多いときを見てみると（159の図）、時間がたっても数台のかたまりが残っていて、さらに、そのかたまりは進行方向と逆に動いている。ここでは少ない台数で見ていますが、数が増えても仕組みは同じなので、「小さな渋滞」と捉えましょう。

この渋滞の先頭の車は、次々と入れ替わっていますが、実はこれと同じことが現実でも起こっています。

では、実際の高速道路では、どのくらい車が集

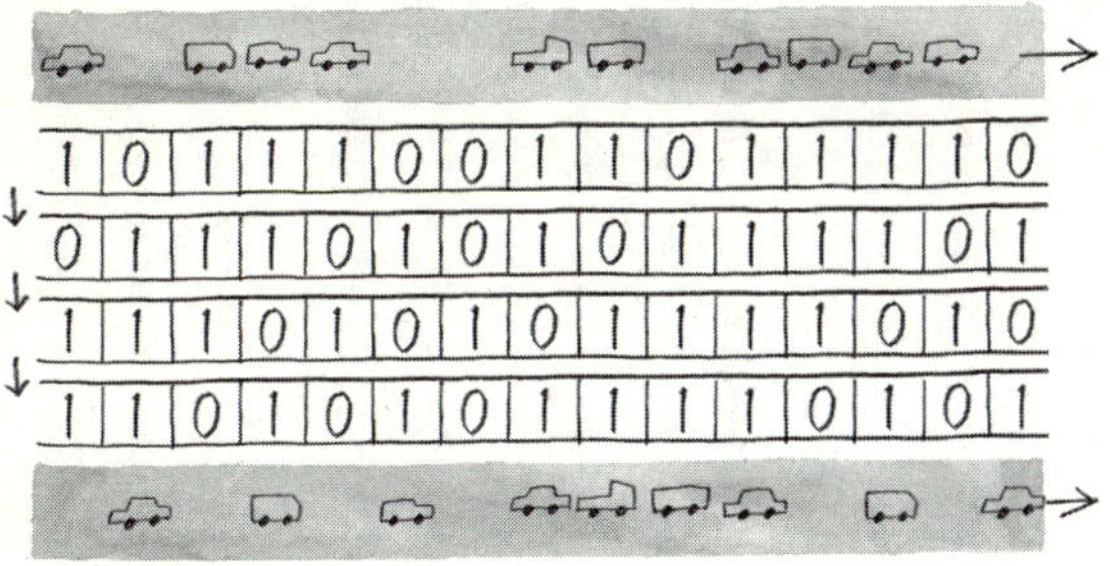

車が多いとき。渋滞のかたまりが、後方に動きながら残る

中すると渋滞が起きるのか。NEXCO中日本（中日本高速道路株式会社）からいただいたデータを使って渋滞になる車の密度を調べたところ、1キロメートルあたり25台ということがわかりました。車間距離でいえば40メートル。これが、渋滞が発生するときの臨界密度になるのです。

さて、ここからが重要です。渋滞をなくすには、1キロメートルあたり25台以下にすればよいのはわかったけれど、そのためにはどうすればいいでしょうか。

あ、ちなみにこれには「正解」というものはありません。大切なのは、どれだけ論理的に正しくアイディアを述べられるかです。

――車の台数をいくつかの場所で常にチェックして、1キロメートルあたり25台以上多くなったら警告を出すとか。

はい、チェックできたら便利だよね。問題は、どのように車の台数をチェックするか。チェックする場所、その方法など、具体的に考えはじめると、いろいろ大変な面も見えてくるでしょう。そして、もうひとつは、25台以上になったときにどうするかということですね。単に電光掲示板に警告を出すだけでは、無視する人もいてあまり効果がないかもしれない。

――車間距離でいえば40メートルということでしたね。だったらこれ以上近づけないように強制的に車に減速させるような仕掛けをつくる。

これも一面だけ考えると良いアイディアだけれど、状況に応じた高度な切り替えスイッチみたいなものが必要になるね。すごく混んでいてほとんど車が止まっているとき、車間距離の平均はだいたい15メートルです。停止時に40メートルは空けすぎですね。それに、周囲の流れに反して急に車を減速させるようなものだと、後ろから追突される可能性もあって危ない。

ちょっと考えてみるとわかるように、現実の問題に対処するときには、100パーセント正解で、どんな状況でも対応できる万能な装置というものはありません。これは専門家が考える、どんなアイディアでも同じです。

そこで大切なのは、「どのようなときはダメか」という装置の限界をすべて知っていること。これは、数学の「場合分け」の能力ですね。すべてをいくつかに漏れなく場合分けして、それぞれの中で範囲を限定してきちんと考える。こういうことが間違いを減らすリスク対策になるのです。

私は、地道なことだけれど、まずは運転手の知識向上が最も大切だと思っています。混んできても、なるべく車間距離を40メートル以下につめないと知ってもらうこと。教習所で必ず教えるとかね。

――でも、考えてみると、40メートルって、けっこう距離がありますよね。

そう感じるでしょう。でも、理論的にはこの車間距離が最も交通の流れが良い状態なのです。実際にはこれだけ空いていると、つい前につめてしまいがちですが、そうなると渋滞をつくってしまうので、逆にみんなが損をする。

車の流れに合わせて運転しながら、車間距離40メートルというものさし感覚をいつでも持っていることで、理論的には車の流れがスムーズになるのです。これは、目の前を走っている車の位置に、自分が2秒後に行くぐらいの車間距離と覚えておくとイメージしやすい。

でも、実際にベストな車間距離をとってもらうのはなかなか難しくて、私も苦労しています。テレビやラジオでも話していますし、これまでたくさん講演して伝えてきました。

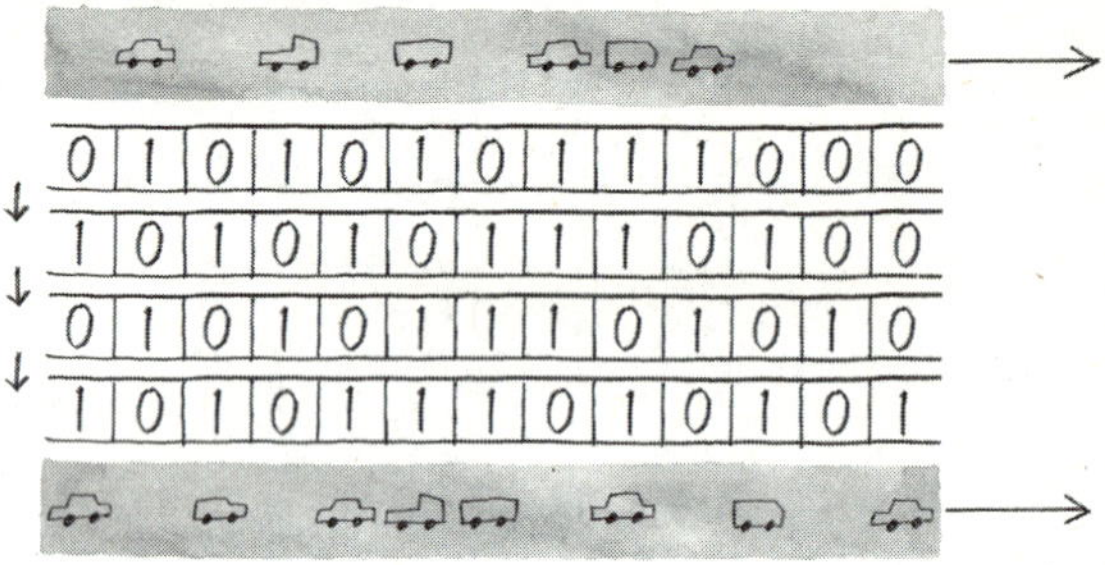

車間距離を空けていないと…渋滞の波が後ろに伝わる

ですが、理論を現実化できる日はまだまだ遠そうです。まあ、そう簡単にうまくいってもつまらないので、やりがいを感じながら、毎日、渋滞と戦っています。

個人の力が渋滞を消す?

次に、セルオートマトンを使って高速道路の渋滞解決策を考えてみたいと思います。

もう一度、159ページの図を見てみましょう。ある場所で発生した渋滞のかたまりは、進行方向と逆に進んでいきますね。崩れずに安定して後ろに伝わっている。これは、今日の授業の前半でお話しした、崩れない波のかたまりのソリトンと考えることができる。

これをどうすれば崩せるか、セルオートマトン

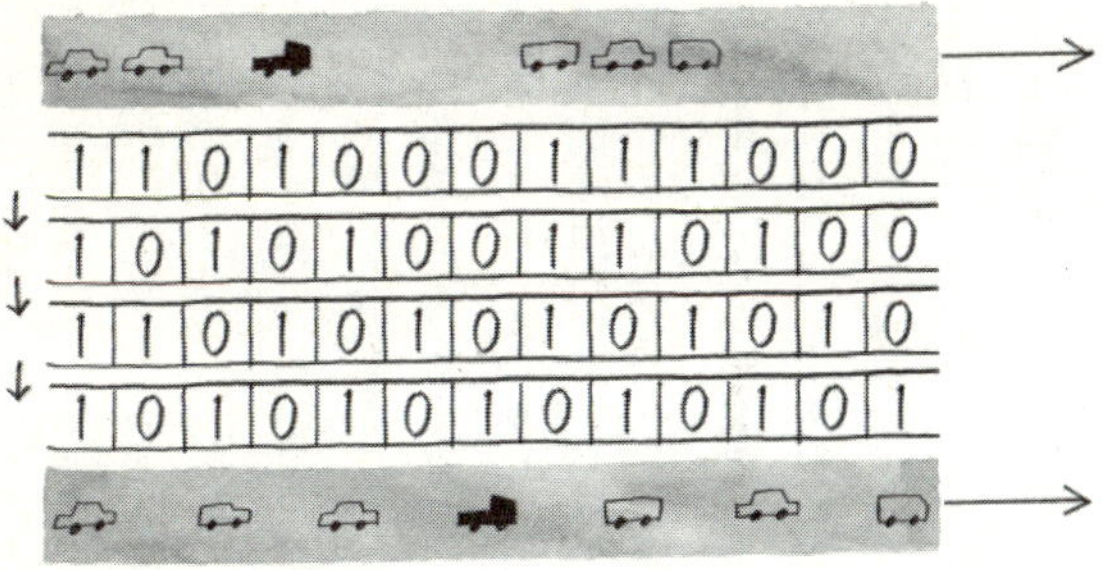

車間距離を３セル分空けると…渋滞の波が消える。正解！

でシミュレーションしてみましょう。もし、途中で車間距離を大きく空けていた車が1台でもいたら、このソリトンはどうなるのか。

まず、3台のかたまりがあって、その後ろの車は、1セルしか車間距離を空けていないとき。「1／0」を基本のルールに従って書き連ねていくと、右ページの図のように、渋滞の波は残って、後ろに伝わっていきます。

次に、3台のかたまりの次の車が、3セル分の車間距離を空けているとどうなるか。

——かたまりがほどけて、それぞれが動けるようになっている。

そうなんです。このページの図のように車間距離を空けていれば、前から来た渋滞の波を吸収し、弱めることができる。これは、車間距離が空いていると、前の車がブレーキを踏んでも、自分はブレーキを踏まずに進みつづけられるからなんですね。

――この簡単なルールが、実際の高速道路でも当てはまるのですか？

そう、現実で検証しないとわかりませんね。私たちはこれを確かめるために、警察庁などと合同で、中央道の小仏《こぼとけ》トンネル付近で、車間距離を空けて走る車を8台投入し、社会実験してみました。その結果、確かに前方にあった渋滞が緩和され、時速50キロメートルぐらいまで低下した流れが、時速80キロメートルぐらいまで回復したのです。

この車間距離を空ける走行は、全員がする必要はなくて、10台に1台程度でも効果があります。私たちは、この車たちを「渋滞吸収車」と名づけました。このときの実験映像は、現在、阪神高速道路のサービスエリアなどで放映され、運転手の意識向上のために役立っています。

渋滞吸収車は、車間距離をとることで、前が遅くなっても耐えて、一定の速度で走りつづけます。これがブレーキの連鎖を止めるクッションの役割を果たすことになる。

20キロにも伸びた大渋滞はすぐには解消できませんが、1キロぐらい、あるいはそれ以下の長さの渋滞なら、個人の努力で十分消すことができるのです。渋滞を見たら、あえて減速して車間距離を空け、渋滞領域に到着するのを遅らせる走り方をすれば、前方にある渋滞を成長させずに済む。

――それは現実化可能な気がしてきました。個人でもできるというのが面白いです。

そうでしょう。一人ひとりがちょっとだけ運転を注意することで、全体の渋滞解消につながるのです。みんながトクをするんだから、それぞれが自発的にやってくれるといいよね。

渋滞の研究を通して、「個の協力が全体の最適化につながる」という社会的な変化を起こしてみたいとも思っています。

邪魔な柱があったほうが、早く避難できる？

――心理学を取り入れるとおっしゃっていましたが、感情と渋滞学って、どんなふうに結びつくのですか？

大事なポイントなので、人間の集団心理にまつわる実験を最後にお話ししましょう。人間は集団になると、個人の自由が抑制されて、単純な行動しかできなくなると言ったけれど、このような状態での人間の行動や心理を研究するのが「群集心理学」です。

群集を初めて学問の対象にしたのは、フランスのギュスターヴ・ル・ボンという心理学者。１８９５年の著書『群集心理』で、人間が集団になったときの強大なエネルギー、衝動性や無批判性、道徳性の低下などを初めて指摘した人です。

群集というのは、ただ人が集まっているときのことではなくて、共通の関心を持っていたり、共通の注意をひく対象を持っている多数の人々が、一時的に集まっている状態のことを指します。

群集の状態には、「会衆《かいしゅう》」「モッブ」「パニック」の3つがあって、「会衆」というのは受動的な関心で集まった人たちのことです。コンサートとか映画をみんなで観ているとき、会場全体が一体感につつまれたりしますよね。「モッブ」は、強い感情に支配された集団のことで、暴動が起きるケースなどにあたります。パニックは、突発的な危険に遭遇して、群衆全体が混乱に陥ることですね。

このパニックについての研究なのですが、テレビ番組でもやった実験なので、知ってる人もいるかもしれない。部屋の中で緊急事態が発生し、大勢の人がひとつの狭い扉から逃げるとき、どうすれば全員が早く外へ出られるか、という研究です。

火災などの緊急時には、大勢の人がいっせいに避難しなくてはいけません。その際、狭い扉に人が殺到して将棋倒しになり、危険な事態が生じることもある。

この脱出シミュレーションをくり返しているうちに、あることを発見しました。ちょっと考えてみてください。

問

ある2パターンの部屋に大勢の人がいる。部屋の中の小さな出口の前に、邪魔になる柱がある部屋と、何もない部屋。緊急事態が発生し、できるだけ早く全員が部屋から逃げなければいけないが、どちらのほうが早い？

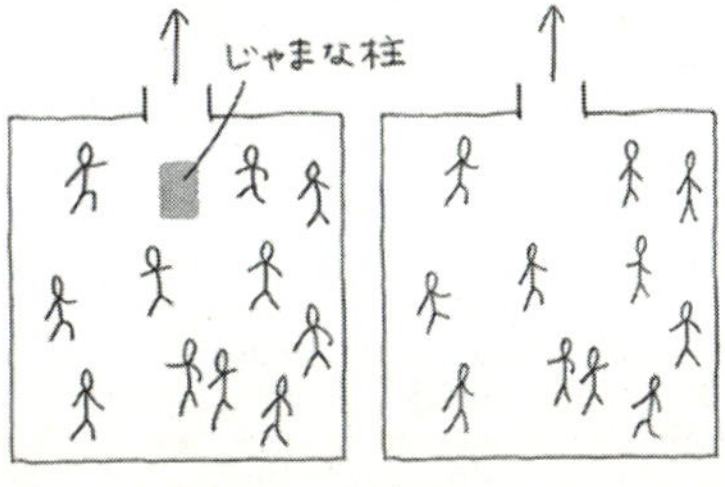

どちらが早く全員逃げられる？

邪魔な柱などない部屋のほうが早いと思うでしょう。でも、障害物があったほうが早い場合があるのです。

——え!?　どうしてですか？

NHKの『サイエンスZERO』という番組に出演したとき、実際に50人に協力してもらって6回実験したのですが、障害物の柱を立てたほうが6回とも早かった。毎回約2、3秒違います。なぜこうなるか、わかる？

——柱の部分だけ人がいないから？

ほとんど当たりです。柱のような邪魔なものがあると、その分、人が殺到しなくなるでしょう。何もないとワーッと人が集まって、ぶつかり合って流れがつまってしまう。障害物によって、人が押し寄せるのが抑えられるのです。ビデオで分析してみると、人と人がぶつかり合う回数は、障害物がない部屋のほうが多い。

――どうして障害物を置こうと思いついたのですか？

はじめは障害物があると、どれだけタイムが遅くなるかを知りたかったのです。障害物がどれだけ悪さするかを研究しようと思って、やってみたら「あれ？」って（笑）。狙ってやったわけじゃない。まったく予想外の結果で、後づけです。われ先に、と一人ひとりが自分勝手に最大限逃げようとするより、邪魔な柱があって、それぞれちょっとだけ我慢している状態のほうが、実は全体が早く逃げられる。

フランスの地下鉄では、電車のドアが開くと入り口の真ん中にポールが立っていますが、そのほうが出入りがスムーズになるということを経験的に知っているのではないかと思います。

――このシミュレーションのセルオートマトンでは、どんなルールを使っているのですか。

これは「フロアフィールドモデル」というセルオートマトンです。ライフゲームのところ（145ページ）で説明したような、東西南北に動ける2次元のセルを使うのですが、

「人がいたら動けない、いなければ動ける」という基本ルールはそのままです。

複数のルールを設定していて、まず、それぞれができるだけ最短距離で動くということと、同時に「パニック度」というものを入れています。

人間のパニックの定義ですが、私たちの場合は、とにかく数式を立てて計算しなくちゃいけない。ですので、はじめに心理学の専門家や消防庁に話を聞き、火災現場などでパニックが起きている状況とはどのようなものかを洗い出しました。

そこでわかったのが、人間はパニックになると判断力が低下し、目に見える物を追って行こうとする傾向があることとです。他の人の行動を、そのまま真似ることしかできなくなる、一種の同調現象が起こるのですね。

たとえば、家の目の前で火事が起きて、窓を開けると火が近づいてくる。そういうとき、パニックに陥った人はどうするかというと、パッと外に出て、他の人と同じ行動をとるのです。冷静なときは安全な場所に真っすぐ向かおうとしますが、パニックのときは人の群れの中心に向かっていったりもする。

そこで、非常に単純な定義ですが、「どれだけ自分自身で判断しているか、他人に振りまわされているか」の比率を「パニック度」として数値化しました。コンピュータシミュレーションするときは、自分の周囲の密度・平均速度と同じように行動してしまうと入れれば「パニック度が高い」とできるのです。

また、人が通った足跡を、ある一定時間のみ残すように設定しました。パニックになると人は他人の後を追うので、足跡が多いところをみんなが通るようになる傾向をルールとして入れている。このような単純なルールですが、これによってパニック度が上がると、人々の振る舞いがどう変わるかが見えてくるのです。

実は、シミュレーションしてみると、パニック度がちょっと上がっているほうが、全員が早く脱出できるということもわかっています。全員が冷静に、最短距離で出口に向かおうとするとかえってつまっちゃうからでしょう。

このシミュレーションの精度を高めていけば、より正確な検証ができるようになっていくと思います。

——感情に関わることを数値化して、シミュレーションできるんですね。実際に実験してみて合うというのが不思議です。

感情というのは主観的なもので、ふつうは客観的に数値で表せません。たとえば「うれしい」という感じ方は、人によって違うので、なかなか数値化しにくい。でも、このように工夫次第でそれが可能になることもあるのです。

人間は、数学では割り切れない部分のほうが多い。渋滞学では、その数学で割り切れない部分と、数学を使う部分とのバランスが非常に重要なのです。

この柱のケースは、たまたま発見したわけですが、何事もはじめはうまくいかず、試行錯誤を何年かくり返すうちに、ひょいと答えにたどりつけるようになるものです。私はだいたい300回ぐらい失敗すると1回ぐらいうまくいく（笑）。

実社会で数学を使うということが、だんだんつかめてきたかな。みなさんもぜひセルオートマトンで遊んでみてください。いつも使う駅が混んでいて嫌だったら、どうすれば快適にできるかを考えてみるのも面白いと思います。

さて、次回で最後の授業ですが、今度は実際に社会の難問をみなさんと考えていきたいと思っています。どんなことを数学を使って見てみたいか、それぞれ考えておいてくださいね。

4章

社会の大問題に立ち向かう

問題解決のために必要なこと

今日で最後の授業になりますが、最終回は実践編として、みなさんと一緒に実社会の課題を、数学で考えてみたいと思います。

一人ひとりの悩み、学校で起こること、地域で困っていること、国を超えてまたがる根源的な問題まで、私たちは様々な課題を抱えています。そういったことを数学を使って捉《とら》え、そこから何ができるか考えてみたいのです。

実社会の問題と抽象的な数学の概念をつなぐ道のりは、長そうに見えるかもしれないけれど、発想次第でいくらでも短くできる。ふつうは300年かかるともいわれているけれど、私は1年で問題を解決したこともあります。数学は使える、という感覚を少しでも持ってもらえるとうれしいです。

コンサルタントってわかる？　企業などから依頼を受けて、現状を分析・診断し、問題解決のためのアドバイスをする仕事です。ここをコンサルタント会社だと思ってください。私が社長、みなさんが社員です。私たちで、「この問題をなんとかしてくれ！」という依頼を請け負っていると仮定して、改善できるかどうかチャレンジしてみましょう。

まず、具体的な課題を考える前に、どのような流れで取り組むか、問題解決までの進め方をお話しします。

はじめに、現状チェックを行い、「なぜ」その問題が発生しているのかを分析する。次に「どうすればいいか」を考えます。そしてそれを実践して結果を確かめ、うまくいかないときは、その原因を考えて、またこのループをもとに戻る。これをくり返して、依頼主の理想像に近づけていきます。

この流れの中では、とくにアイディアをどれだけ出せるかが大事です。そのためにも、現状を徹底的に分析して、悩みぬいてください。アイディアは、一度思いっきり悩んだ後に頭をリラックスして、楽な気持ちになったときに出てくることが多いです。そして、アイディアを実行に移す前には、それを入念に検討することも忘れてはいけません。

具体的には、次のような点に注意して問題解決にあたっていきましょう。

1．対象を絞り込む。何が問題か？

まず、何が原因で問題が生じているか、対象を仮にでもいいので絞り込んでください。社会の問題は一般的に、かなり複雑なものが多いので、ぐちゃぐちゃに絡み合っている糸をほどいていきましょう。問題をいくつかの要素に分解するということですが、この分け方が腕の見せ所でもあります。

2．仮定する

対象を絞り込むときに大事なのは仮定で、仮説を立てることが分析の第一歩です。ここは論理と直観の両方が必要になります。

自分の立てた仮説が間違いだったとしても、ミスを恐れることはありません。達人だって間違えますよ。むしろ、なぜ間違ったかを冷静に分析することが大切で、それが次につながるのです。これをくり返すと、自分の思考のクセのようなものが見えてきて、次第にエラーが減ってくる。

それに、真剣に検討した上での過ちは、意外に非難されず、むしろ同情されるということもある（笑）。みなさんも間違いを恐れず、どんどん発言してくださいね。

3．問題点を定量化する

定量化とは、様々な量を数字で表すことです。私たちは今、何のデータも持っていないですよね。実際の研究でも、データが手に入らないことはよくあります。

そういうときは、計算の前提となるもの、たとえば渋滞や混雑について考える場合は、道路の道幅、通行者の人数、電車の運行間隔、改札の数など、間違っていてもいいので仮定します。この場所は1日1万人が通るとか、道路幅は10メートルだとか、ホームは5メートル×100メートルだとか、現実と近いと思われるものを想像して仮定し、列挙してみる。もちろん、データが入手できそうな場合は、それをかき集めて利用しましょう。

現状の問題を定量化して解決策を考え、改善効果も計算する。この定量化があってこそ、理系的武器が大活躍するのです。

「人生の選択」で迷ったら
——妥協点が見つかる関数のグラフ

問題解決の授業に入る前に、みなさんがこれから大人になっていくうえで、ちょっとヒントになるグラフを教えましょう。「トレードオフ」というもので、社会問題を考える際にも、避けて通れないものです。ある意味で、人生はすべてトレードオフだともいえる。

たとえば、みなさんの中には運動部に入ってがんばっている人もいると思いますが、勉強とスポーツ、どちらを大事にしていますか？

——まだ2年生に上がる前だから、部活に8割という感じです。テスト前だけ、ちょっと

変えるけれど。

そうか、受験はまだ先だしね。でも、3年生になれば変わってくるかもしれない。大学入学のためにはもちろん勉強に時間を割かなければいけないけれど、部活の試合も大事で練習に打ち込みたいとか、そんなジレンマで悩むかもしれません。

このように、どちらかをすればもう一方は不利になり、両方とも取り組むのが難しいとき、そのふたつは「トレードオフの関係にある」といいます。よくテレビドラマであるような、同性同士の友情をとるか、異性との愛をとるかなんて問題も同じ（笑）。年を重ねれば重ねるほど、トレードオフの問題はたくさん出てくるのです。

こういうとき、どのように考えればいいか。ひとつのヒントとして、中学校で習う関数、$y=x$と$y=1/x$をグラフ（左ページ）で考えるとわかりやすい。

たとえば、工場で商品をつくるとき、できる限り正確につくりたいし、同時にスピードも上げたいとします。より正確につくると、慎重に作業しなければいけないので時間がかかりますね。スピードを上げていくと、お客さんにたくさん商品を届けられるようになるけれど、不良品の増える可能性が大きくなって、正確さ・精密さは下がっていく。

あまり正確さにこだわらずにつくるのであれば、生産性はスピードによって上がっていくので、x（スピード）が増えるほどy（製品の個数）が大きくなるという比例関係、y

＝xになります。

一方、「正確さ」はスピードを上げることで一般に下がっていくので、xが増えるとyが小さくなる反比例の$y=\frac{1}{x}$と書きましょう。この関数のかたちはいろいろと考えられますが、ここでは単純に反比例とします。そしてこのふたつのグラフは、xの変化においてトレードオフの関係にあります。

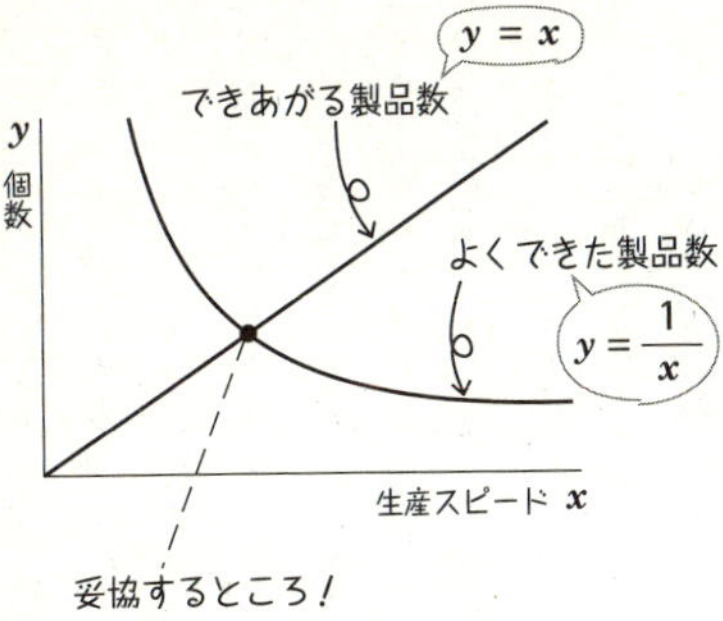

「トレードオフ」の問題

このグラフに人生の悩みが表現されているといってもいい。関数がひとつしかない単純な場合は、yを大きくするにはどうすればいいか、すぐわかりますが、関数が複数ある場合、トレードオフの関係が生じることが多く、そうなるとxの値をどこに置くかを決めるのが難しいのです。

どちらも１００点満点を獲《と》ろうとするのは無い物ねだりで、人生そう甘くはありません。そこで、「１００点じゃなくてもいいので、どちらも70点ぐらいで、そこそこ満足しましょう」という落とし所をうまく見つける。

それを、専門的には「複数目的最適化」といいます。最適化したい目標が複数ある問題をどう解くかというもので、解析《かいせき》や確率論などの分野で研究されています。

さて、この場合の妥協案はどこにあるかというと、グラフの中の交点にあるのです。

$y=x$と$y=\frac{1}{x}$の交点は特別な点で、これよりxを増やすと$y=\frac{1}{x}$が下がり、逆にxを減らすと$y=x$が下がる。つまり、この点よりxを増やしても減らしても、どちらかが損をするようになっています。この地点を「パレート最適」と呼び、ここが妥協点になるのです。パレート最適のことは、2章のゲーム理論（97ページ）でも触れましたね。

もちろん$y=x$か$y=\frac{1}{x}$のどちらかだけを考えて、片方を無視してしまう戦略も考えられますが、それではギャンブル人生を歩むようになってしまう（笑）。トレードオフをうまく妥協しながら乗り切るバランス感覚を持つことも、人生では大切です。

——こんなふうに関数のグラフを見ると、ストーリーが感じられるというか、楽しいです。

ぜひ、自分でもグラフを描いてみてください。これから将来、自分の進むべき道で迷うこともあると思いますが、矛盾する複数の目的を達成しようと思ったら、このグラフを思い出して、どこが妥協点なのか考えてみると、解決策が見えてくるかもしれません。

身近な渋滞を考える

それでは、数理科学を使って、何か実際に考えてみたいですが、どんなテーマをやりたいですか？　何でもいいですよ。

——身近にあることですし、お話を聞いて興味が出てきたので、渋滞についてもっと考えてみたいです。

そう言ってくれてうれしいです。私の専門分野ですし、渋滞や混雑に対処するにはどうしたらいいか、数理科学を使って考えてみましょうか。

実際、私のところに来る依頼は、東京都内の混雑に関するものがとても多いです。みなさんが気になる場所はある？　ふだんよく行くマクドナルドやスターバックスの行列でもいいよ。

——新しいショップができたときの行列。数時間待ちがしばらくつづきます。

確かに日本人はよく行列しますね。私はドイツに住んでいたことがあるけれど、あまり街中で行列を見たことはありませんでした。インドに行ったときは、行列に割り込んでくる人が多くて困った経験もあります（笑）。

――逆に、人が少ない店にうまく人を増やしたりとか、そういうのもありますか？

はい、混んでいる店と空《す》いている店って、どうしてもありますね。実際、流行《はや》っていないお店にお客さんが流れるようにするにはどうすればいいか、という依頼もありました。これは店にとっては良い渋滞ですね。飲食店の場合、もちろん店の味の問題もあるけれど、店の場所、人の動線にも関わることなのです。

コンビニの棚を見ると、飲み物売り場は、必ず奥にあるでしょう。ジュースを買おうと歩いている途中、他の商品にも目がいって、つい手が伸びる。一番人気がある物を奥に位置すると、その他の物にも気づいてもらえる、ということはよくあります。そういうことを考えてみるのも面白いかもしれない。

――東京マラソンなんてどうですか。

あ、いいですね！　私もテレビで何度か見ましたが、大きな道路を埋め尽くす大群集の映像にはいつも驚かされます。参加者は3万人以上いるそうです。

いくつか挙げてくれたけれど、みんながやってみたいと思うものをひとつ多数決で選ぶとすると……東京マラソンが多そうだね。じゃあ、このイベントについて考えてみましょう。

空いている奥の窓口に、人を誘導するには？

東京マラソンといえば、数年前、あるテレビ番組から私のところに調査依頼がありました。参加者の手荷物受け渡し窓口での混雑の問題でした。3万人全員が走る前に着替えて、走り終えたらまた着替えるのだから大変だよね。手荷物の管理や着替え場所の確保などは、主催者にとって頭の痛い問題となるわけです。まずはこのケースを、軽い準備運動として先に見てみましょう。

当時の手荷物受付は「平行窓口」というものでした。窓口の配置方法には、人々が来る方向に対して平行に配置してある「平行窓口」と、垂直に配置してある「対面窓口」のふたつがあります。

駅の券売機やマラソンの給水所などは平行窓口ですね。対面窓口はどんなものがありますか？

——大きな遊園地の入り口とか、高速道路の料金所とか。

そうですね。どちらも長所と短所がありますが、対面窓口の長所は、近づきながら窓口を選べるので、それぞれの窓口で待っている人の数が均等になりやすいことです。短所と

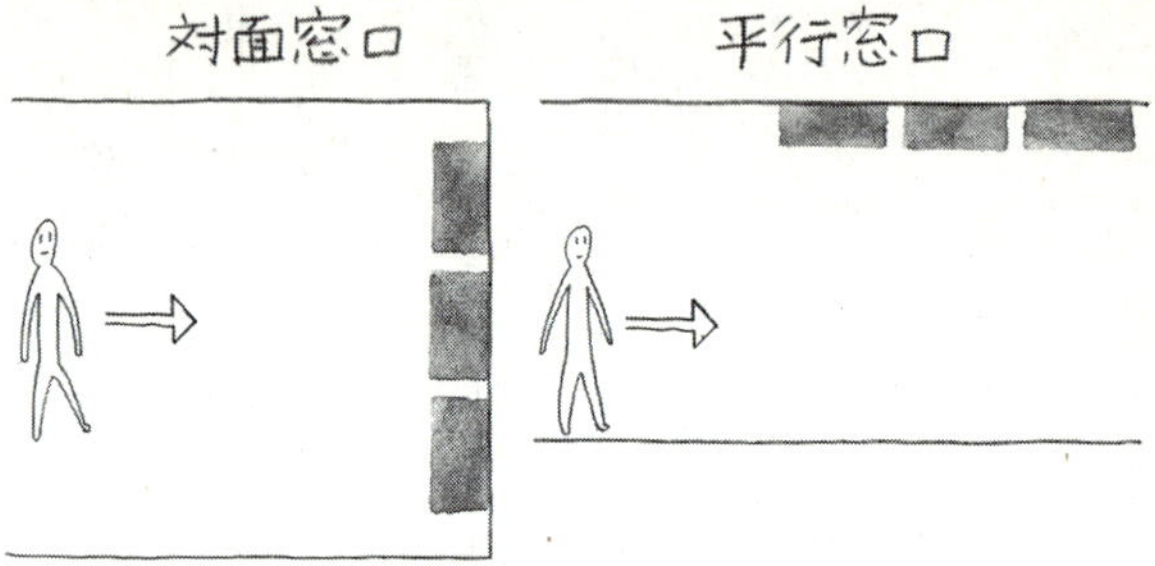

それぞれ長所と短所は？

しては、多くの窓口を設置するには広い通路幅が必要になること。

逆に平行窓口は、通路に沿って多くの窓口が設置できるので、狭い場所では平行窓口のケースがよく見られます。東京マラソンの手荷物受け渡し場も平行窓口でしたが、それでは、この窓口の問題点は何でしょう。

――いちばん近い手前の窓口に人が集中する。駅の券売機でも、手前ばかり混んでいるけれど、奥を見渡すと意外に空いていることがけっこうある。

そうだよね。ふだんの生活でもよく見かけることです。人はなるべく近い窓口を選ぶものなので、均等に窓口が利用されなくなる。トイレでも、入り口に近いほうがよく使われ、奥のほうの使用頻度は低いというデータもあります。

じゃあ、平行窓口が均等に使われるようにする

奥の窓口に人を誘導するには？

にはどうすればいいか。

——奥のほうが空いていて早いとわかれば、移ろうと思うので、奥の受付のほうが早く流れると気づいてもらえるように声出しするとか……。

——奥の窓口を利用した人が、おトク感を得られるように、熟練さんを奥の窓口に配置して、列がぐんぐん進むようにする。

良い発想です。そのように、人の行動を変えたり促したりするために、外部環境から何か刺激を与えることを「インセンティブを与える」といいます。

熟練した係員を奥に配置して、手前は新人の係員にすると、奥のほうが早いので、どんどん人がさばけていきますね。一方、手前の窓口での待ち行列はどんどん長くなるので、その様子を見た人は、奥に移動しようと思うでしょう。

他には、地面にテープを貼ったり、印をつけたりするだけで、人間はそれを踏みたくなって、自然と動線ができたりすることもあります。歩幅ぐらいのタイルが地面に並んでいると、ついそれを順序よく踏みたくなりませんか(笑)。

あるいは音楽も効果的であることがわかっています。ちょうど行進しやすいテンポの曲がかかると、ある程度混んでいても人は前に進みたくなる、という実験データも得られています。こういった工夫をすることで、奥の窓口に向かわせることも可能かもしれない。

それと、面白いのですが人間も虫と同じで、明るいほうに向かう傾向があるんですよ。成田空港のセキュリティチェックに行列ができる窓口があって、なぜなのか調べてみたところ、窓口の上に、白くて明るい看板があったのです。

一方、青い看板が目に入るほうの窓口には全然人が行かない。このふたつの窓口は、どちらも同じ距離だけ離れていました。つまり、窓口の上に青いランプと白い明るいランプの両方が点滅しているときは、白いランプのほうに向かう人が多いとわかった。そういった照明ひとつでも、人の行動は変わるのです。

対象の「急所」を見つける

それでは、東京マラソンについて考えていきたいですが、主催者側は何に困っていると思う？

——道路の交通整理。

——スタートするとき。

——トイレとか、水を補給するところとか。

そうだね、いろんなことがありそうです。でも、すべての問題を同時に考えると手がつけられなくなるから、一番困っていそうな問題と、その原因分析に的を絞りましょう。混雑について考えるときは、やはり人口密度に注目するのがいい。

——3万人全員が一箇所に集まるのは、スタート地点です。

そうですね。スタート時には、小さなエリアに全員が集まらないといけないから、ここが急所でありそうなことはわかるでしょう。ここに的を絞って問題設定してみましょう。

問　**スタートラインを3万人が横切るとき、どうすれば全員をより早く、スムーズにスタートさせられる？**

それでは社員のみなさん、この問題を定量化し、分析してみてください。といっても、知識がまったくないと難しいので、人の混雑を考えるうえで使える武器をいくつか伝授します。実際、私が渋滞を分析するとき、いつも使っているものです。

アイテム装着①
人混みと歩く速度の関係

渋滞を考えるときに大事なのは、人がどのように動くか、その流れを分析したデータです。ふたつの表し方があるのですが、まず、「人の歩く速度と人口密度」の関係を表すグラフ（左ページ）を見てみましょう。

縦軸が、人の歩く速度、1秒間に平均して何メートル人が動くかを表しています。横軸が人口密度で、1平方メートルに何人いるか。人口密度が増えれば、もちろん歩くペースは遅くなりますね。これは私の研究室で、主に若い人たちの歩く速度を分析したデータです。

ちなみに、みなさんはひとりで歩いているとき、どのぐらいのスピードだと思う？

——1秒間に3メートルぐらい？

速歩きの高校生なら、そのぐらいはいけるかも。私も実は歩くのが速くて、いつもそのぐらいのスピードです。

平均的には1秒で1・5メートルぐらい。グラフでも、人口密度が低いときは、1秒間に1・6メートルぐらいですね。道が混んでくると歩きづらくなるので、1平方メートルに3人ぐらいになると、1秒間に0・4メートルの速度まで落ちる。

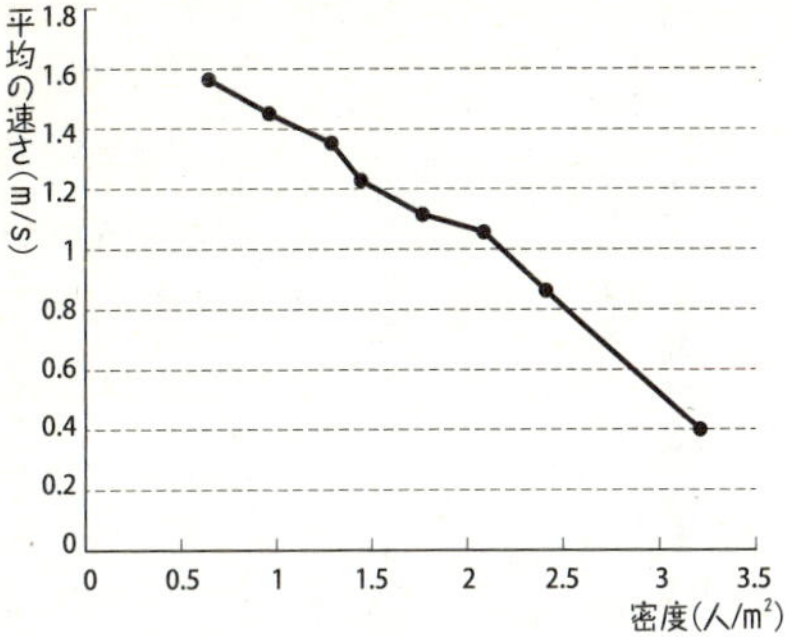

人の歩く速度と人口密度

ただ、こうした結果は状況によってかなり変わります。最近は携帯を操作しながら歩く人も多いですが、物を見ながら歩いていると周囲が見えなくなるから、当然速さも落ちてくる。

そして、もちろん街を歩いているのは若い人たちだけではなく、高齢者や子ども連れの家族もいて、そういう人たちは、だいたい半分ぐらいのスピードです。

さらに国によっても異なります。イタリア、インド、中国、ドイツなどで調べていますが、少しずつ違う。ふだんから混雑に慣れているインドや中国のほうが、ゆったりしているヨーロッパより混雑時の速度は速かったりします。

ちょっと話はそれますが、インドの道路は、牛、馬、豚など含め、数十種類の乗り物がいつも一緒に動いていて、しかも、不思議なことに渋滞せずに流れているのです。

――どうしてそんなことが可能なんですか。

理由のひとつは、インドではみんながクラクションを鳴らしているからでしょう。音を出すことによって、見えなくてもお互いの場所を認識できる。ほぼずっとクラクションを鳴らしつづけながら、猛スピードで走り抜けていく様子はスリル満点です。私は何度かインドでこうしたタクシーに乗りましたが、毎回怖くて目をつぶってしまいました（笑）。

アイテム装着②

ベストな流れは「1秒ルール」

それでは、もうひとつのグラフを見てみましょう。

左ページのグラフの横軸は先ほどのものと同じ人口密度で、縦軸は速さではなく、「交通量」です。専門的には「流量」ともいいます。

道路や地下鉄の通路のはじに座って、カチャカチャ数えている人がいるでしょう。あれが交通量調査で、自分の目の前を、ある時間内に何人通過するかを数えている。ふつうは「1メートルの通路幅あたり、1秒間で何人通過したか」を交通量とします。

では、2メートルの通路幅の道を、1分間に120人が通過したら、交通量はどのくらいですか？

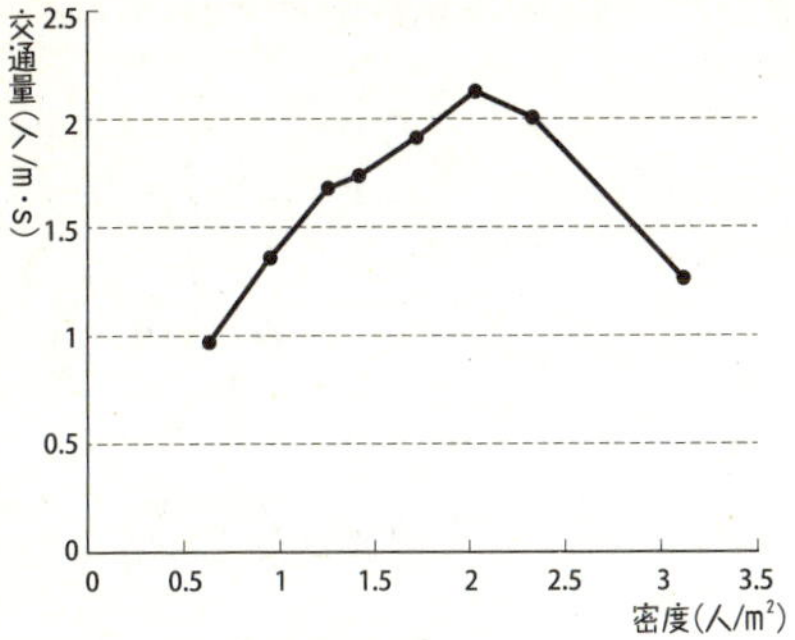

交通量と人口密度

——1メートル幅あたり60人だから、60人÷60秒で「1」です。

正解。その単位は、答えを求めるときの操作をそのまま書けばいいので、「1人／メートル・秒」と、分母にメートルと秒の掛け算が入ります。この量がわかれば、道の幅がいくつでも、交通量がどうなるか簡単に計算できる。

さて、上の図の交通量と人口密度のグラフは山型ですね。人でも車でも必ず山型になるのですが、なぜこのかたちになるか、わかりますか？

——1平方メートルに2人いるときが一番交通量が多く、この密度まではスムーズに流れていて、それ以上人数が増えるとつまっちゃうから。

そういうこと。1平方メートルに2人ぐらいまでは自由に動ける。自由に動けるときは、人が増加すればするほど交通量も増え、右肩上がりになる。流量が最大になるのは1平方メートルに2人で、これ以上つめると流量は落ちてしまいます。

1平方メートルに2人というと、それぞれだいたい50センチは離れていますね。この程度になるようにうまく人の流れを調整できれば、最も交通量が多くなってベストな流れといえます。

これを感覚的にいうと、目の前を歩いている人の足跡を、1秒後に自分が踏むようなイメージです。

ベストな1秒ルール

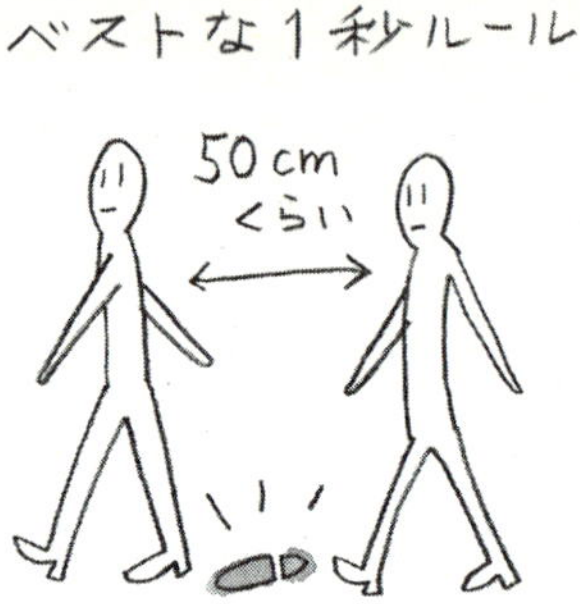

1秒後に前の人の足跡を踏む

実際に、ある会場から隣の会場へ1000人で移動するという実験をしたこともあります。はじめ、何も言わずに移動してもらったところ、全員が移動し終わるまで25分かかりました。次に、「1秒後に目の前の人の足跡を踏むように動いてください」と言ったところ、流れが急に良くなって移動時間がなんと16分に縮まったのです。

この「1秒ルール」が理論上ベストなのですが、たいていみんな、どんどんつめていっちゃうんだよね。つめると交通量が落ちて、結果的にみんなが損をする。急がば回れじゃないけれど、ほどよくスペースを保って移動したほうが早い。

逆に、密集しすぎて動けなくなるのはどのくらいかというと、1平方メートルに6人ぐらい。ぎゅうぎゅうで誰も動けないので交通量はゼロになる。満員電車もだいたいこれぐらいです。そして1平方メートルにこれ以上つまってしまうと、生命の危険に関わります。

2001年、兵庫県の明石《あかし》市で花火大会があったとき、歩道橋で11人の見物客が亡くなる事故がありました。あのときは1平方メートルに14、5人いたといわれています。このぐらいになると、約400キロの圧力がかかるので、人間は圧死してしまう。

人の流れについてのふたつのグラフを見てきましたが、人の動きを定量化して考えるときは、こうした数字を覚えておくと役に立つのです。

アイテム装着③
「えいやっ」と簡略化する意味

ところで、実は189ページの「人の歩く速度と人口密度」のグラフと、191ページ

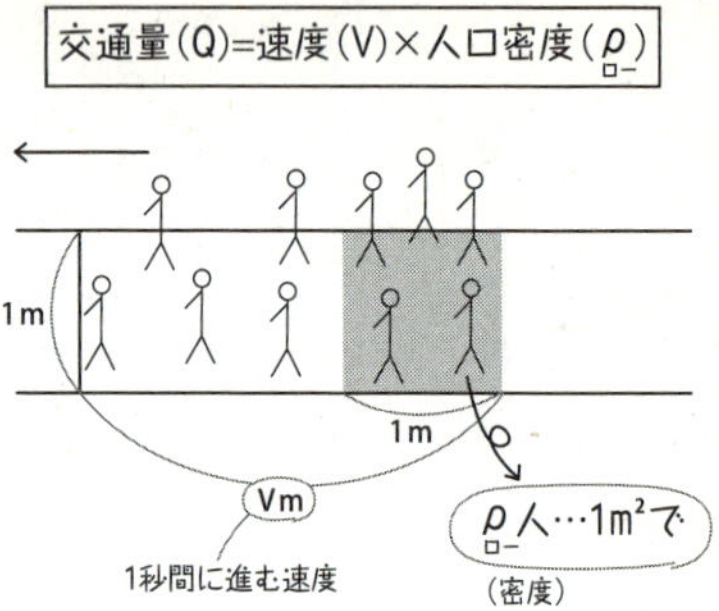

の「交通量と人口密度」のグラフはどちらかがわかれば、もう一方のグラフもすぐに描ける。なぜかといえば「交通量＝人口密度×速度」という公式があって、人口密度と歩く速さを掛けたものが交通量になるからです。

密度の記号はρ（ロー）と書きます。これは世界共通で使われるギリシャ文字なので、この際に覚えてしまいましょう。

そして、交通量をQと表します。話を簡単にするために、みんなが同じ速さで動いていることにして、速さをV、つまり1秒間に動く距離をVメートルとする。道の横幅を1メートルとすると、1平方メートルでρ人の人口密度ですから、Vメートルの区間ではV×ρ人になりますね。
なので、1秒間に横切る人数はこのV×ρ人で、これが交通量Qになる。

――それはわかるけれど、グラフが描けるというのはどういうことですか？

１８９ページのグラフ「人の歩く速度と人口密度」を見てください。混んでくると遅くなるので右下がりになっていますが、これを単純に直線だとして、「V（速度）＝１－ρ（密度）」と、えいやっと表してみましょう。

――？　その数字はどこから出てくるんですか？

データが右下がりになっていることを、数式に表したいのです。式はなんでもいいのですが、だんだん下がっていく単調減少のグラフの中で、一番やさしい式はこれ。

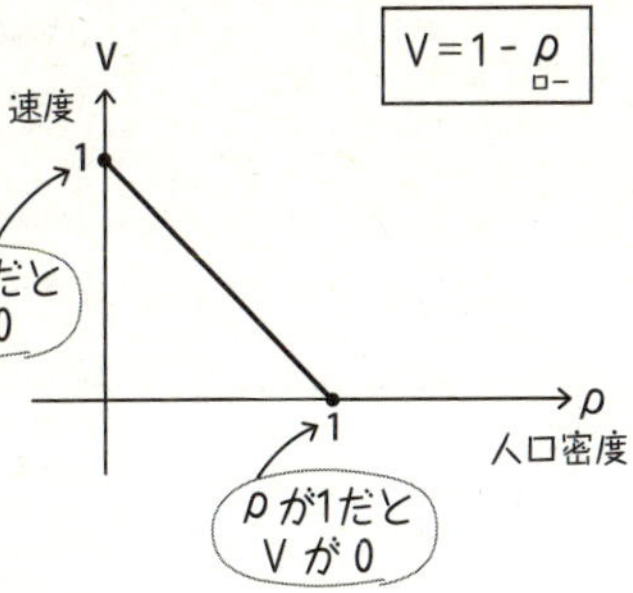

本当は人口密度が0のときは、誰もいないわけだし、人口密度が1のときも動けるけれど、そういうことは無視してしまって、「だんだん下がっていく」を簡単に直線で式にしてしまうのです。

この「V＝1－ρ」を、先ほど示した公式「交通量＝人口密度×速度」に代入すると「Q＝ρ×（1－ρ）」でしょう。学校で普段使っている記号のxとyで表すと、二次関数の「$y=x(1-x)$」ですね。このρとQの値をグラフにすると、196ページの図のように凸の山型になります。

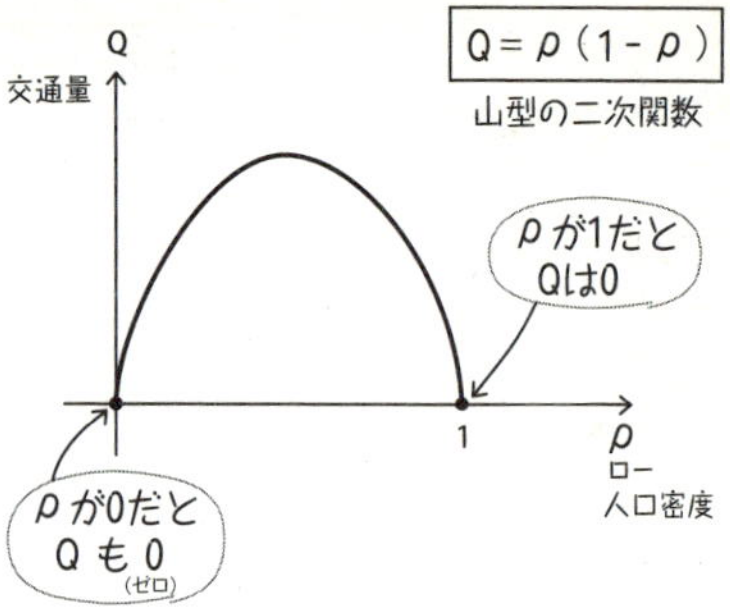

これは、１９１ページの「交通量と人口密度の図」のかたちと同じになるでしょう。この二次関数のグラフが、人の動きを分析するときに使えるのです。二次関数のピークのところが、流れの効率が最も良い状態になる。

――……だいたい同じかたちになるのはわかるけれど、単純化して式を立てて、それがそのまま「人の流れの分析」に使えるというのが不思議です。

これが数学の単純化なのです。現実のデータはガタガタしているけれど、それを、えいやっ！と簡単に式にして、シンプルに本質部分だけを抜いて使う。

――「右下がり」「山型」という部分を抜き出せば、使える式になるということですか。

そうです。根本の性質さえ抜き出せれば、残りの細かい部分は小さな補正になるだけです。たとえば家を買うときも、５千万円という値段が重要で、実はプラス１００円払わなくてはいけない、と聞いても別に怒りませんね（笑）。

こうしてふたつの図は、関係式「流量（交通量）＝人口密度×速度」でつながっていますから、どちらか一方がわかれば、計算して数値が出てくるのです。
人口密度と速度、そして交通量。この3つがあって、これを定量的な数字で示すことで、より説得力ある提案ができます。この中で、今回最も重要なのは交通量です。スタート地点の流れを効率良くするには、交通量を最大化すればいい。それではこれを目標にがんばりましょう。

問題解決①　ベースの定量化
3万人が並ぶ、東京マラソンのスタート地点

それでは、東京マラソンについて考えましょう。スタート地点の現状を調べてみたところ、次のような状況だとわかりました。

・各自の過去のベストタイム、または予想タイム順に10ぐらいのブロックに分けられている。
・スタートラインから最後尾まで、約900メートルの長さになっている。
・最後尾のランナーがスタートラインを越えるまで、約20分かかる。

――スタートに20分もかかるんですね。けっこう長い。

早く走りたくてうずうずしてしまいますね（笑）。ここの交通量をできるだけ大きくすれば、スタート地点の時間あたりの通過人数が大きくなるので、3万人の最後のほうにいる人も、早くスタート地点を通過できます。さあ、どうすればいいか。

――全体を10ブロックに分けているということは、だいたい3千人ずつ分かれているんですよね。

――もしもブロックに分けないでスタートすると、どれぐらいかかるのかな……？

プロの大会ではなく、いろんな人たちが走るマラソンなので、ブロック分けする利点はあるはずですが、ここでは計算を簡単にするためにも、ブロック分けしない方法で検討してみましょうか。

それでは、どうやってスタート地点に並んでもらうといいか。

――人と人の間をぎっしりつめるのではなくて、少し間を空けて並んでもらう。

少し隙間を空けるのはいいと思う。ヨーイドンの合図とともに、後ろの人もわずかですが、すぐに動きだせますよね。

――つめるのと、間を空けるのとで、時間が変わってくるんですか？

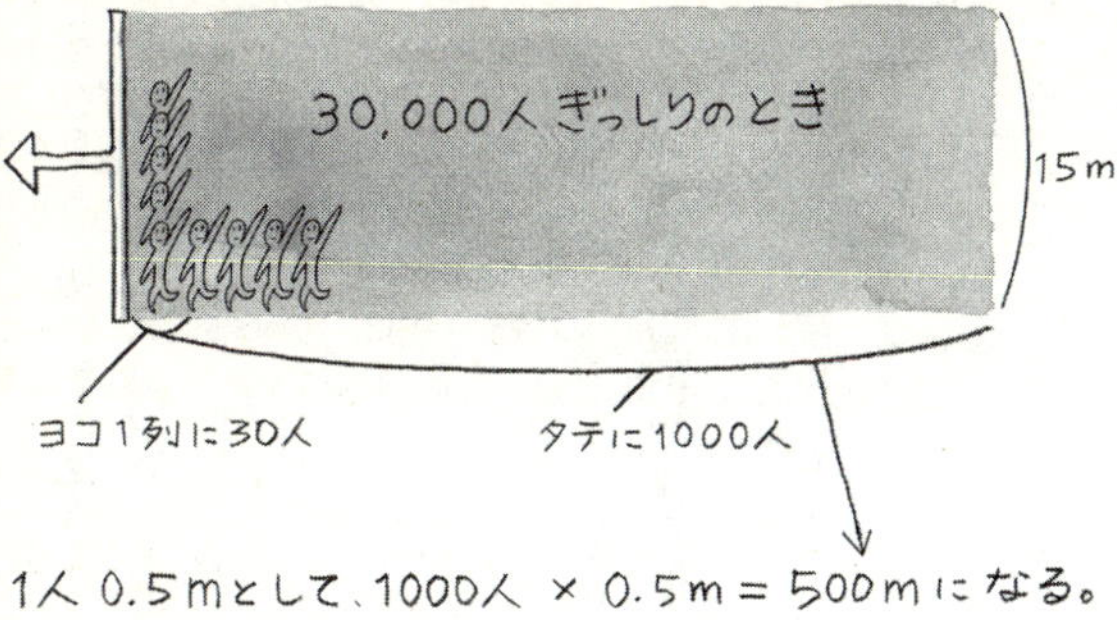

それを確かめるために、実際に計算してみましょう。ここから少しレベルが上がりますが、できるだけ高校3年生の範囲までで考えますので、がんばってついてきてください。

まず、スタート地点での道路の道幅の情報が必要です。これは実際に調べてみればいいのですが、仮定で出してみるとして、人が広がることができる横幅は15メートルぐらいとしましょう。

ちなみに道路幅は実際にはこれよりやや広いと考えてください。

安全上の理由で、あまり道路の端には人を並ばせないようにしている、としましょう。

そして、人ひとりは50センチメートル四方の正方形だと考えてみてください。さて、道の横と縦に、それぞれ何人並べますか？

——横幅15メートルだと、ひとりは50センチの幅な

ので、30人が横に並べます。3万人がぎっしり並ぶとすると、道に沿って縦に並ぶ人数は3000人÷横1列の30人＝1000人です。

人は50センチメートルの大きさだったので、もし隙間なくつめると、スタート地点から最後尾までの長さは、1000人×0・5メートルで500メートルとなりますね。このときの、長さ1メートルあたりの人口密度は2人です（1平方メートルでは4人）。

では、全員が隙間を空けることで全長がLになったとすれば、このときの長さ1メートルあたりの密度は、「1000÷L」で求められると覚えておきましょう。

問題解決②　ベースの式を立てる

速さと密度の関係を1次関数で

さて、ここで189ページの「人の歩く速度と人口密度」の図を使いましょう。密度がゼロに近ければ自由に動けるし、最大密度のときは、速度はゼロとする。密度が増加すると速度は減少するから、これを表す簡単な式は、「V（速度）＝1－ρ（人口密度）」としましたね。この式の数字を、よりリアルに変えていきます。

ただし、マラソンのスタートで、人がきれいに列に並んでいるとしているので、以下、人口密度とは、1平方メートルではなく、1メートル長さあたりの人数、として計算しましょう。こういう密度は専門用語で「線密度」ともいわれます。

さて、そうなると、人が列になって並んでいるとき、最大密度は長さ1メートルあたり2人です。これがギュッとつめて「前へならえ」をしている状態ですね。

そして、自由に動ける速度は、速歩きを考慮して、1秒間に3メートルとします。実際、速歩きをしているときはだいたいこのくらいです。

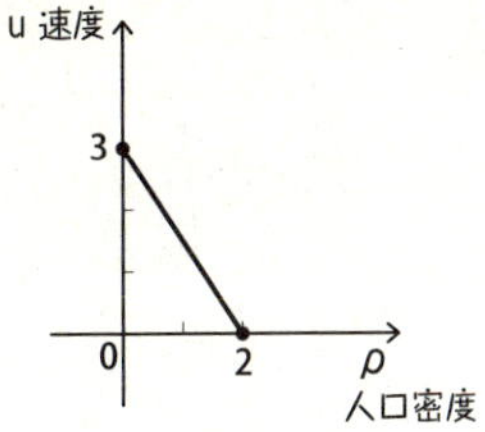

以降、速度はVではなくuで表しますが、これをグラフにしてみると、右上の図のようになります。

縦軸の速度が3のときは人口密度を0、人口密度2のときは速度0とする。ここから式を立てますが、慣れているxとyで書いてみると、

$$\left(\begin{array}{l} \mathrm{u} \longrightarrow y \\ \rho \longrightarrow x \end{array}\right)$$

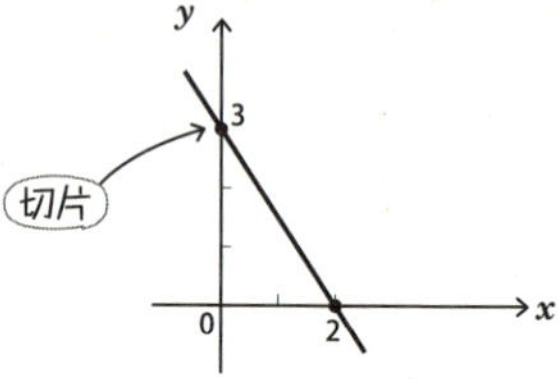

$y =$ 傾き $\times\ x\ +\ y$ 切片

x が 2 増えると y が 3下がる

$-\dfrac{3}{2}$

$$y = -\frac{3}{2}x + 3$$

$$= 3 - \frac{3}{2}x$$

$$= 3\left(1 - \frac{x}{2}\right)$$

――これは中学で習った1次関数ですね。

そうです。全員がよく知っている1次関数が、速さと密度の関係を表すときに使えるのです。密度ρ、速度uに戻すと、

$$u = 3\left(1 - \frac{\rho}{2}\right)$$

と書けます。

この式は密度ρが入っていますが、これをスタート地点から最後尾までの長さLに変えましょう。これは、ρ（人口密度）＝1000÷Lでしたので、これを代入すればいい。

すると、

$$u = 3\left(1 - \frac{500}{L}\right)$$

となります。

これで速さの式ができました。でも、私たちが知りたいのは速度ではなく時間ですよね。

――スタートの合図が鳴ってから、一番後ろにいる人がスタートラインを通過する時間です。

そう。それを求めるには、もうひとひねり必要です。

問題解決③　解決するためのアイテムを

速度が伝わる「膨張波」

ここから注意して聞いてください。

ヨーイドンで全員がいっせいに動きだすとしましょう。これは、スタートの合図が後ろのほうまでスピーカーなどで一気に伝わる、と仮定していることになります。行列の先頭の人は前に誰もいませんから、スタート直後に1秒間に3メートルの速度で動きます。その次の人も、先頭の人が動いた後は自分も同じ速度で動ける。こうして、次々と前から順番に最高速度の3メートル／秒で動けるようになるのです。

このように、「前が空いた」という情報が次々と行列の後ろに伝わっていくのを一種の波と考え、「膨張波《ぼうちょうは》」と呼びます。行列の先頭からどんどん人が出ていく様子は、行列が膨張しているように見えるでしょう。これが名前の由来です。

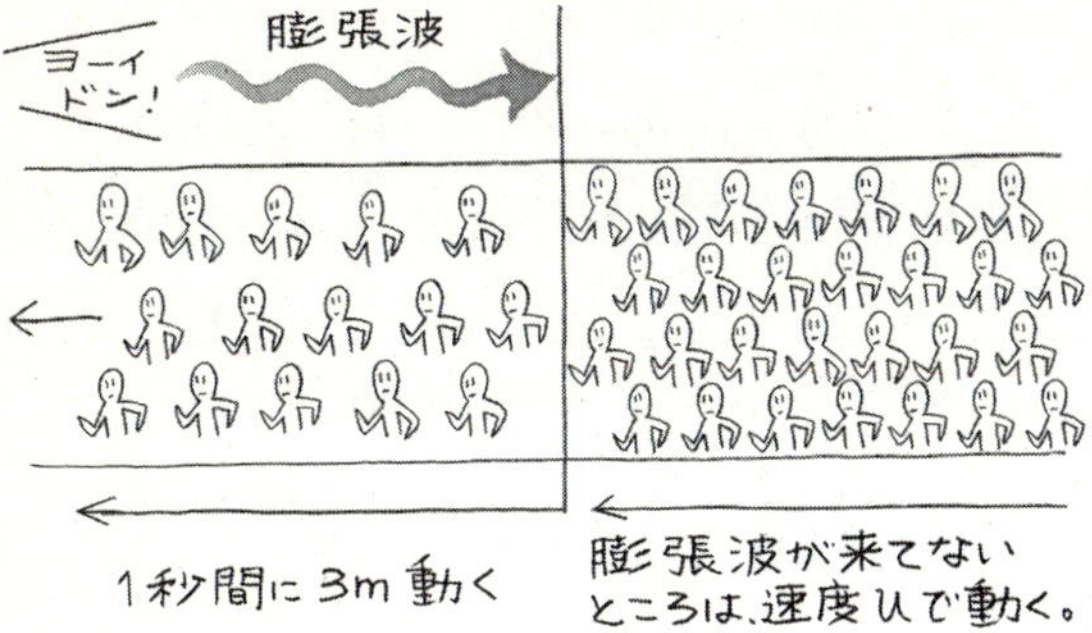
ヨーイドン！
膨張波
1秒間に3m動く
膨張波が来てないところは、速度uで動く。

膨張波の速度は、平均1秒間に1メートル程度で後ろに伝わります。この速度は、人の動く速さにあまり影響されないので、以下1メートル毎秒で一定と仮定する。

膨張波がたどり着けば、その地点にいる人は、最高速度でその後ずっと動けますが、膨張波が来る前は速度uで歩く、ということになります。膨張波が伝わるまではuで動いて、波が伝わった段階で3メートル／秒で動けるようになるということ。

さて、今求めようとしているものは、行列がすべてスタートラインを横切る時間T、つまり行列の最後の人がスタートラインにたどり着く時間ですね。最後尾の人は、膨張波が届くまでは速度uで歩きますが、膨張波が届くのはいつでしょう。

――これは、「反対方向から歩いてくる2人の人は、何秒後に出会うか」、という問題と同じですか？

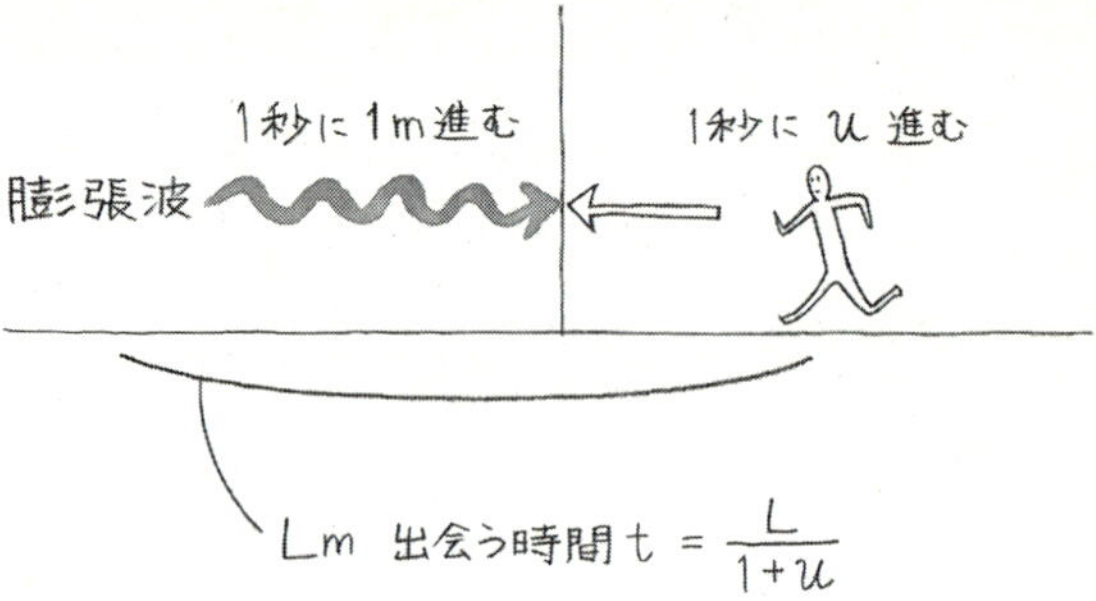

その通り。行列の全長はLだったので、Lだけ離れた2人が、片方は速度1メートル/秒で歩き、もう片方が速度 u で歩いてお互い近づくとき、何秒後に出会うか。

——Lを1+uで割ればいい。

はい、正解です。お互いに近づいていく相対的な速度は、2つの速度を足して1+u。この速度で、長さLの道を動く時間を求めればいい。したがって、スタートから膨張波が最後尾の人に到達する時間を t と書けば、

$$t = \frac{L}{1+u}$$

となります。以上で、全員がスタートラインを通過

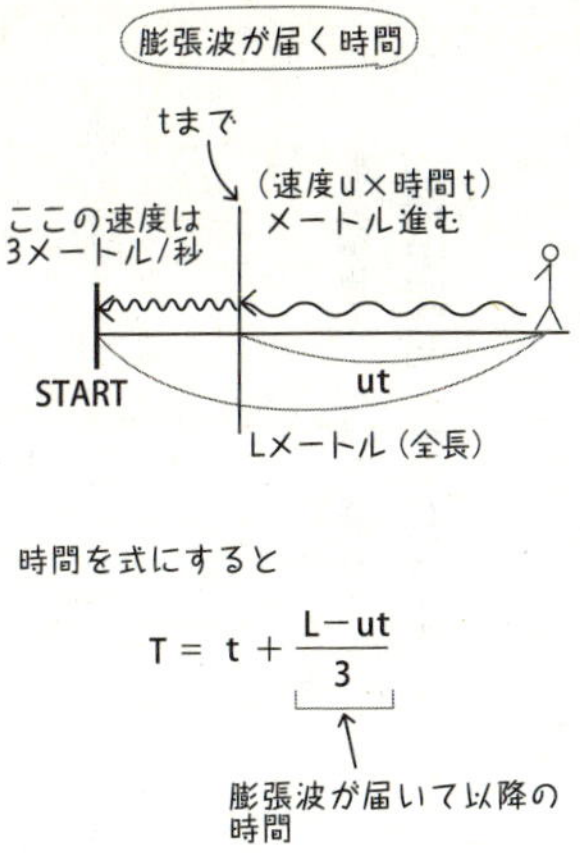

する時間のTが求められます。

整理すると、膨張波が届く時刻tまでは、速度uで歩き、そのときまでに動いた距離は、「速度u×時刻t」ですね。残りの長さ「L－ut」は、最高速度3メートル／秒で動ける。

したがって、上の図のようになりますね。この式のtとuの中に、今まで得られた式を全部代入して、整理すると、208ページのようになる。

全員が通過する時間Tを、行列の初期長さLの関数として、208ページのように書けます。ちょっと複雑な式になりましたが、これが求めたい通過時間です。

代入する

- $t = \dfrac{L}{1+u}$
- $u = 3\left(1 - \dfrac{500}{L}\right)$

関係ないものを前に出して

$$T = \frac{L}{3} + t - \frac{u}{3}t$$

$$= \frac{L}{3} + \left(1 - \frac{u}{3}\right)t$$

uとtに代入

$$= \frac{L}{3} + \left(1 - \frac{3}{3}\left(1 - \frac{500}{L}\right)\right) \times \frac{L}{1+u}$$

もう1回uに代入

$$= \frac{L}{3} + \frac{500}{L} \times \frac{L}{1+3\left(1-\frac{500}{L}\right)}$$

$$= \frac{L}{3} + \frac{500}{1+3\left(1-\frac{500}{L}\right)}$$

$$\boxed{T = \frac{L}{3} + \frac{500}{1+3\left(1-\frac{500}{L}\right)}}$$

全員が通過する時間(T)の式ができた。

問題解決④　極値で答えを
「最小時間」を微分で探す

——いろんな要素を入れながら式を組み立てていくんですね。このTを最小にするL（全体の長さ）を求めればいいということですか。

その通り。そこでどうするかというと、ここから先は、みなさんはまだ習っていませんが、2章でお話しした「微《び》分《ぶん》」を使うのです。

私たちが知りたいのは、全員の通過し終わる時間Tが、最小になるときの長さLです。

ここで、209ページの下のグラフを思い浮かべて、こんなふうになるのでは……と仮定してみる。

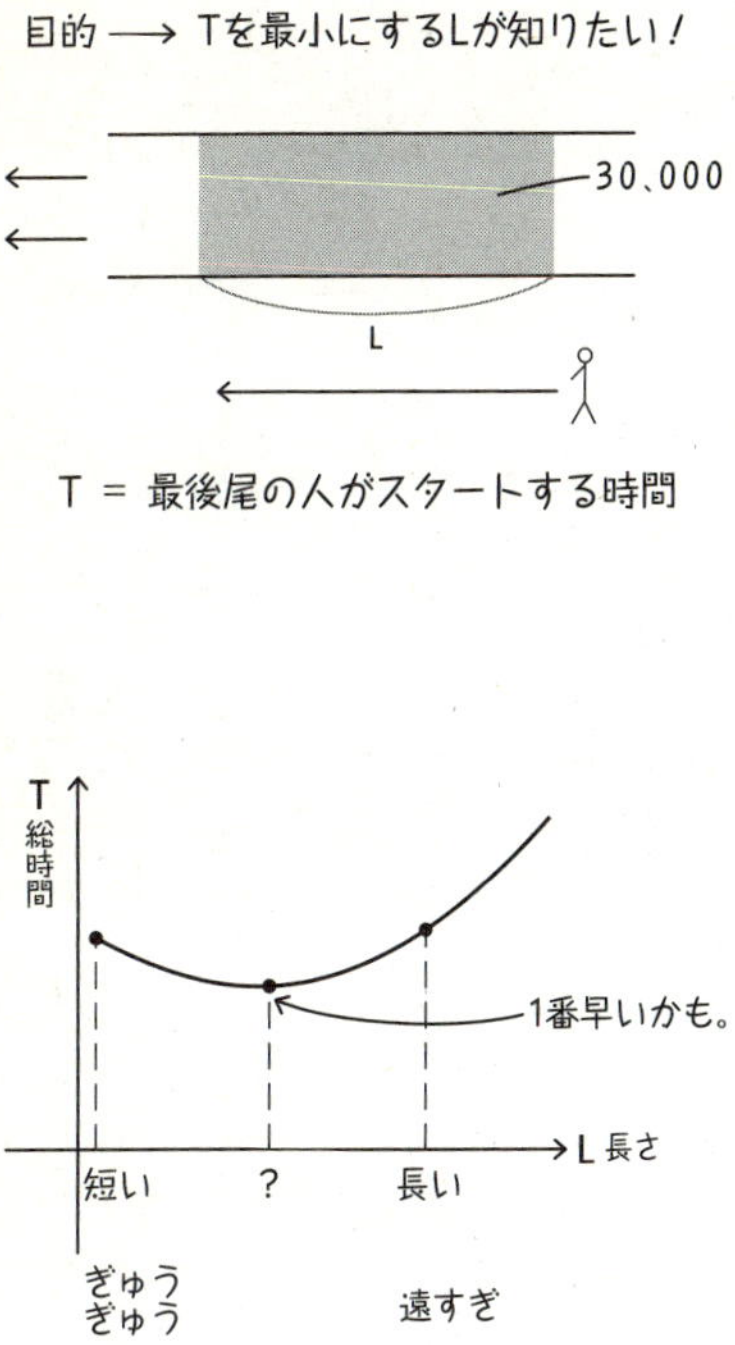

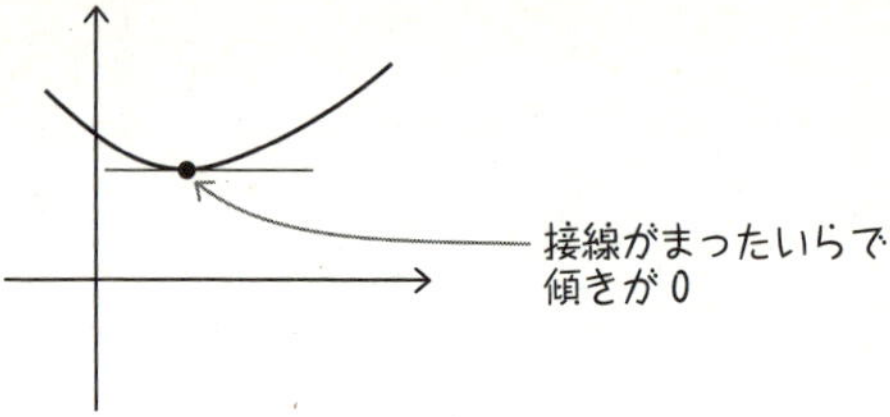

3万人が並ぶとき、長すぎる距離をとったとすると、ヨーイドンで全員が動けますが、後ろの人は遠くに離れすぎていて、スタート地点に到着するまで時間がかかるよね。どんどん離れるほど時間がかかってしまう。

逆に、3万人がぎゅうぎゅうにつめて、全体の長さを短くしたときにどうなるか。

――後ろの人がまったく動けなくなるから、かえって時間がかかる？

そう、つめすぎても、離れすぎても時間がかかってしまうから、その間にちょうどいい長さがあるのではないか、ある程度隙間があったほうが全体の流れが良くなって動きやすいのでは、と想像するのです。

こんなとき、微分を使えば、最大になるものや、最小になるものがどこか、その「極値《きょくち》」を簡単に出すことができます。

210ページのグラフの一番時間が短くなる点を見てください。他のグラフ上の点との違いは、接線を引くと、ここだけちょうどまっ平らになりますね。他は必ず斜めになる。

接線が平らのとき、傾きは0になります。微分は、変化の割合、つまり傾きを求めるものなので、微分して0になる値があれば、グラフの最短時間の地点になる。

そこで、微分の式を立てますが、この場合は、長さLによって、総時間Tがどのくらい変わるかを知りたいわけです。

$$\frac{dT}{dL} = 0$$

長さによって、どのくらい時間が変わるか

分母に来るものが要因、分子に来るものが注目している対象で、変化の様子を見たいもの。微分して、それを0と置けばLの式を立てられて、それを解くことで、通過時間を最小にするLが得られるのです。

さて、Tの式をLで微分するのですが、これは、みなさんがこれから将来習う、微分の公式を使って解いていけば導けます。今回はそういったくわしい計算方法の説明は省きますが、授業の後で解き方のメモ（239ページの補講メモ）を渡しますので、興味のある人は眺めてください。

ここでは答えだけを書くと、

Tの式をLで微分すると…

⇓

$$\frac{dT}{dL}=\frac{1}{3}-\frac{\frac{3\times500\times500}{L^2}}{\left(1+3\left(1-\frac{500}{L}\right)\right)^2}=0$$

となります。

解く！の過程を途中まで。

$$\frac{1}{3}-\frac{3\times500\times500\times\frac{1}{L^2}}{\left(1+3\left(1-\frac{500}{L}\right)\right)^2}=0$$

移項

$$\frac{1}{3}=\frac{3\times500\times500\times\frac{1}{L^2}}{\left(1+3\left(1-\frac{500}{L}\right)\right)^2}$$

両方の分母をかけると

2つずつ！

$$\therefore\left(1+3\left(1-\frac{500}{L}\right)\right)^2=3\times3\times500\times500\times\frac{1}{L^2}$$

両方の平方根をとる。

$$1+3\left(1-\frac{500}{L}\right)=3\times500\times\frac{1}{L}$$

⇓

つづく

この式を解けば、Lは、

L＝750メートル

という値が得られます。

——キリのいい数字だ。

きれいに求めることができましたね。そして、このときのタイムですが、これを、これまで出てきたu（膨張波が届くまでの速度）の式、t（膨張波が届くまでの時間）の式、そしてT（全体の時間）の式に代入すると、どのくらいの時間で全員がスタートできるか計算できます（読者のみなさんも計算してみてください）。

——……500秒。約8分になりました。

正解です！

ちなみに人と人の間隔を空けずにつめて並んだときは、Lは500メートルだったので(199ページ)、これを代入して計算してみると、667秒、つまり約11分になる。間隔を空けるだけで約3分も短くなるのです。

結論として、行列はぎっしりつめないほうがよくて、密度でいえば1000人÷750メートル、つまり1メートルあたり1・33人がベスト、という答えが出ました。前の人との間隔を、人ひとり分弱空けて並ぶ場合が、最も早く全員がスタートラインを横切れるという結果です。「1秒ルール」と近いですね。

――ブロック分けするより、こちらのほうが早いのですか?

私がざっと計算してみたところ、ブロック分けをしてもあまり結果は変わりません。興味がある人は、ブロック間の間隔はどのくらい空けるかなどを仮定したうえで、いろいろ計算してみてください。

もちろん、これは仮想の計算なので、実際にやってみると8分になんて縮まらない可能性のほうが高い。そんなに甘くはありません(笑)。でも、コストがかからず簡単にできる改善策なので、何かで役立つ可能性はあります。この解析をさらに精密にしていくことも可能ですし、ブロック分けしたうえでの計算もできます。

――現実に使うには、前回お話ししていたループ(121ページ)をまわして式を修正していけばいいんですよね。数学を使うということが、少しわかってきました。

それはよかった。ぜひ授業の後で、自分が気になる問題を数学で考えてみてください。

ところで、はじめに話したように、東京マラソンでは様々な人が走りますね。参加資格を見ると、「19歳以上で6時間40分以内に完走できる男女」が条件です。年齢層も幅広いし、初心者から熟練者までいる。伴走者と一緒に走るような障害のある人もいます。

参加する人たち、みんなが走りやすいように工夫しなければいけませんね。今回は「スタートの流れを良くする」ことに問題を絞り込みましたが、これができた段階で、それ以外のことにも気を配っていく必要があります。

実際に運用されている、「タイムごとのブロック分け」は適切な仕組みで、様々な速さの人がいっせいに動くときは、速度の速い順に並ぶのが最もスムーズです。マラソンにかかる総時間も早くなる。

こうした大人数の行列については、東京マラソンだけではなく、様々なことに応用が効きます。大勢の人が集まるイベントやコンサート、または駅などで数万人が集まることは日常的によくあることです。そうしたときに、安全性の観点からも、流れの効率化の観点からも、ストレスの観点からも、人同士は密集しないほうがいいのです。

メッカ巡礼時のジャマラート橋付近

メッカ巡礼の事故防止は、新宿駅にヒントが？

大人数の行列に関連することですが、実は最近、サウジアラビアと共同研究をしています。何だと思いますか。

——サウジアラビアに大きなマラソン大会があるとかではないだろうし……。

あるかもしれないけれど（笑）、マラソンより巨大なもので、メッカ巡礼についてです。

——そんなところにまで!?

私も声をかけられたときは驚きました。きっと混雑の規模としては世界で一番だよね。

毎年、イスラム暦の巡礼月の数日間、世界中のイスラム教徒がサウジアラビアのメッカを訪れます。その数は約３００万人にもなるそうです。これだけ大勢の人が集まるのですから、当然大混雑が発生しますし、事故も起きる。1990年には、メッカ近郊のトンネルで約1400人が圧死する大惨事も起きました。

右の写真は、メッカ巡礼時のジャマラート橋付近の様子ですが、ものすごく混んでいますね。この橋の入り口で、2005年に364人が圧死しました。大勢の巡礼者が橋の入り口に殺到し、橋から出ていく人よりも橋に入ってくる人が多くなり、一気に人口密度が高くなったことが事故の原因でした。

これまでも、人の動きのシミュレーションや数学的な研究はなされていて、様々な対策がとられてきています。たとえば、道路の交差点などにカメラを取り付け、巡礼者の人口密度を監視するシステムをつくったり、うまく巡礼者のルートを計算し、分散して橋に到達するような仕組みを構築したりしている。

さらに現在は、橋の拡張工事もなされていて、6階建てにして一気に問題を解決しようとしています。この予算は1300億円だそうです。

しかし、その他にも多くの問題があり、このように莫大《ばくだい》なお金をかけることはできません。これから事故をいかになくしていくか、群集のコントロール方法が模索されているのです。

そこで、私も含めて世界で10人程度がサウジアラビアに呼ばれ、この問題の解決に当たることになりました。数学がこのような国家レベルの安全性にまで貢献できるのはうれしいですし、やりがいがあります。

――西成先生の他には、どんな人たちが集まっているんですか。

ひとりは、カナダのモントリオールオリンピックで物資輸送の設計をした先生。オリンピックも世界中から大勢の人が集まるよね。たぶん、その人はシャトルバスの運用設計を担当するのだと思います。私もメッカの近くのバス置き場に行ってみたのですが、地平線がかすむくらいの数のシャトルバスが集まっていました（笑）。

伝染病の研究者もいますね。密集しているから、感染症が発生したら一気に広がってしまうので、やはり大きな問題です。

そして、私が5年ぐらい共同研究しているイタリアの女性の研究者もいます。心理学の「近接学」という分野の先生です。「近接学」とは、人が人のそばにいるときの行動などを研究する学問です。私たちは、ひとりでいるとき、知らない人の近くにいるとき、そして知っている人の近くにいるとき、それぞれ感情が変わりますよね。これが行動に大きく影響を及ぼします。

メッカ巡礼も、家族で来ている人もひとりで来ている人もいて、同じ人間でも環境によって動きが変わる。そういった感情や環境の変化が人間の行動にどのような影響を与えるかを研究しています。

ところで、サウジアラビア政府の人の前で、私が解決のアイディアを話したとき、最もウケた一言があります。サウジアラビアと新宿の関係なのですが、何かわかる？

――何がつながるんだろう……？

メッカ巡礼の３００万人というのは、実は、ほぼ新宿駅の１日の利用者の数と同じなのです。この記録は世界一で、ギネスブックにも載っています。つまり、新宿は毎日がメッカ巡礼のようなものなので、そういう都市に住んでいる私にこの問題をまかせてほしい、と啖呵《たんか》を切ってきました（笑）。

さて、新宿駅では、どうして３００万人の人を毎日、安全にさばけるのだと思う？

――わかりませんが、毎日のことだから、自然とルールができているとか。

カンが良い。私もそこが大事なポイントだと思います。メッカ巡礼の場合、生涯で一度だけという人も多くいますが、新宿駅の場合は、通勤などで「毎日」使うことで、みながどのように動けばいいかを知らず知らずに学習し、自然と秩序が生まれていくのです。

ですから、人々が巡礼に来る前に、メッカでの行動や手続きの仕方などがわかるビデオを見て予習してもらうことも重要になってきます。一人ひとりの意識を少しだけ高めるだけでも、全体として大きく変わる可能性があるのです。

それと、新宿駅は、JR、京王線、小田急線、丸ノ内線など、いくつかの路線があるので、利用者は複数の選択肢を持っている。このように人の流れをうまく分散させることで、一気に人が同じ場所に集中してしまうのを防ぐことができるかもしれない。

今、イタリアの研究者などと、メッカ巡礼について考え始めていますが、問題のポイントは、メッカには世界中から様々な人が集まっているということです。巡礼には、おじいさん、おばあさんや子ども連れの家族などが歩いています。高齢者のほうが割合として多い。

さらに、欧米、アジア、アフリカなど、巡礼に来る人の国も様々です。これらの人々はお互い歩行速度が違うし、行動様式もかなり異なる。文化、背景、目上の人に対する態度、男女に対する考え方などで、行動がまったく変わってくるのですね。

これまでの群集シミュレーションでは、このような個性をあまり考慮していなかったのですが、私たちは、人間がグループになったときの、個人とは違う動きに注目してシミュレーションを始めています。

ムダの反対語をいえる？

最後に、少し視点を変えて、渋滞以外のこともお話ししたいと思います。

私は、渋滞の研究と同時に、無駄についての研究も行っていて、自分の研究の一部を「無駄学」と名づけています。みなさん、きっと「無駄の研究って、どういうこと？」と思っているでしょう（笑）。

――無駄を数学で扱うということですか？

そうです。「無駄」って、よく言ったり聞いたりすると思うけれど、実はこの定義が難しい。無駄の反対語はなんだと思う？

――……有用？　あ、でも有用の反対は無用のような……。

難しいですよね。辞書にもちゃんと載っていません。というか、無駄の定義自体も、辞書に書いてあるものは、私にはしっくりこない。

そして、「世の中無駄だらけ」という人もいれば、「この世に無駄なものはひとつもない」と言う人もいる。そういう争いが起こるのは、無駄の定義がはっきりしていないからです。

数学は、まず使う言葉をきちんと定義することから始めます。無駄についても定義づけからスタートしたのですが、やってみると、意外に難しい。たとえば、生命保険は無駄でしょうか。ずっと健康なら、掛け金を無駄に捨てることになりますね。しかし保険をかけない状態で病気になったら、高額な医療費を払わなくてはいけない。

また、みなさんはピアノを弾くなど、何か趣味を持っていると思いますが、それをすべてやめて勉強に集中するのはどうでしょう？　趣味は時間の無駄なのか……こう考えると何が無駄か、わからなくなってくるよね。

しばらく考えているうちに、あることが無駄かどうかは、「目的」と「期間」を決めることで判定すればよい、ということがわかりました。

たとえば、巣と餌場を往復するアリの行列の中には、餌を運ぶのをサボっているアリが2割程度いることが知られています。これらのアリは一見無駄のように思えますが、たまたま別の餌場を見つけてきたりもする。つまり、餌を運ぶという目的では無駄ですが、巣全体の存続という目的では決して無駄ではありません。

また、受験勉強で、自分の受ける大学の入試に関係ない科目を勉強するのはどうでしょう。みなさんは時間の無駄だと思うかもしれませんが、かなり後になって、その知識が身を助けることもある。私は実際にそういう体験をしました。

入試には生物はなかったのですが、高校のカリキュラム上、勉強しなければいけなくて、当時の私は無駄だなと思ってしまっていました。でも、そのときの知識が今から数年前に役に立ち、専門論文を書いて国際的に評価を得ることができました。ですから、人生長い目で見れば無駄な勉強なんて何もない、といえます。とくに若いうちは、どんな科目でも一生懸命吸収しておいたほうがいい。

つまり、「いつまでに役立つのか」、という期間を設定しないと、無駄かどうかは決められないのです。世の中無駄だらけ、という人は、この期間設定が短く、逆に世の中無駄なものなんて何もない、という人は期間設定が長いのです。

さて、最近考えているのが、無駄を生み出している真の原因についてです。私は、今の社会システムは、もしかしたら、あと20年ももたないのではないかと感じています。

現在の社会システム自体が無駄を生んでいて、本当に無駄を根本からなくすためには、社会システムそのものを見直さなければいけないのでは、と感じ始めている。最後に、こういったちょっと大きなテーマを一緒に考えてみましょう。

私たちの社会システムは資本主義ですね。私はこれを否定して社会主義にすべきだなどと主張しているのではありません。今や社会主義は崩壊してしまいました。それでは、現在の資本主義が人類の社会システムの最終形態なのかというと、このままいけるとも思えない。

たとえば、現在のシステムは、すべてにおいて「経済成長」を前提とした仕組みで成り立っています。利子もそのひとつで、お金を借りると、必ず借りた以上のお金を返さないといけない。だから、銀行からお金を借りている企業は、必ず利子以上に儲《もう》けつづけなければいけません。

そして、現在の様々な社会問題、たとえば雇用の問題などは、経済成長があれば解決するものばかりです。それは成長を前提につくられている社会だから当たり前ですね。

それゆえ、短絡的に経済成長率を上げることに躍起になる。経済評論家や政治家が、今の日本の経済成長率の低下を問題視し、いかに景気を回復して3パーセント台にするか、などという議論をしていますが、それは本当の解決ではないように思えるのです。

みなさんは、経済成長って、ずっとしつづけられると思いますか？

——地球の資源には限りもあるし、ずっと成長しつづけるというのは無理かな……。

そうですね。1972年にローマクラブが出した報告書「成長の限界」では、このまま人口増加や環境破壊がつづけば、今後百年以内に人類の成長は限界に達して世界は危機に陥る、と書かれてありました。そしてこの破局を避けるためには、資源は無限にあるというような成長経済の考え方を見直す必要があると警告した。これを、私たちはもう一度真《しん》摯《し》に受けとめるべきだと思います。

——資源に依存しないような、新しいかわりのエネルギーを見つけるとか。

——まだ世界には貧しい国もあるし、成長が必要なところと、そんなに成長しなくてもいいところと、バランスを取ることが大事な気がします。

新しいエネルギーがどんどん出てきても、右肩上がりでそれを使いつづけるとなると、二酸化炭素を排出するなど環境にますます負荷をかけてしまいます。

また、先進国はそのままで、貧しい国が一気に今の先進国並みになると、実は地球はもう破たんしてしまう。これは本当に難しい問題です。私たちは、今こそ全員が宇宙船地球号の乗組員である、という全体的視野に立って、格差是正などの行動をしていかなくてはならないのです。

成長一辺倒のシステムは、地球が有限である限り、いつかは破たんします。そこで、経済成長なしでやっていけるシステムは可能かどうかという議論が、以前から世界でなされているのです。

ゆらゆらの振動経済と「かわりばんこ社会」

それでは、ゼロ成長率という社会は、可能なのでしょうか。実際にはかなり難しい。ゼロ成長社会というと、個人がチャレンジ精神をなくして社会の創造性が減退していくような暗いイメージがつきまとうよね。

じゃあ、成長や変化も少しはありながら、全体として成長していかないという、相反する要素を持った社会はつくれないか。

ここで数学を取り入れてみましょう。将来予測をするのは数学の最も得意とする分野で、とくに微分方程式という道具がありましたね。この式を解けば、一般に、システムが将来どのように動いていくか、そのパターンを分類することができます。

——経済システムの予測にも使えるのですか？

微分方程式で書けたとしたら、ということになりますが、様々な要因が関わる非線形なので、簡単に解けるとは思いません。でも、アイディアのひとつとして捉《とら》えてみてください。

微分方程式論によれば、ある量が時間とともにどのように変化していくかは、①いずれ一定の状態に落ち着く、②無限に増えつづける、③振動状態になる、という3つのパターンになります。ゼロ成長で変化なし、というのが一定の状態に落ち着いた状態で、いつまでも成長しつづけるというのが無限に増えつづける状態に対応していますね。

第3の「振動」状態、これに対応する経済システムというのはありえるのではないか。私は「振動経済」と呼んでいるのですが、左ページの図のように平均的には成長率はゼロですが、あるときはプラスで、あるときはマイナスになるのを周期的にくり返す。

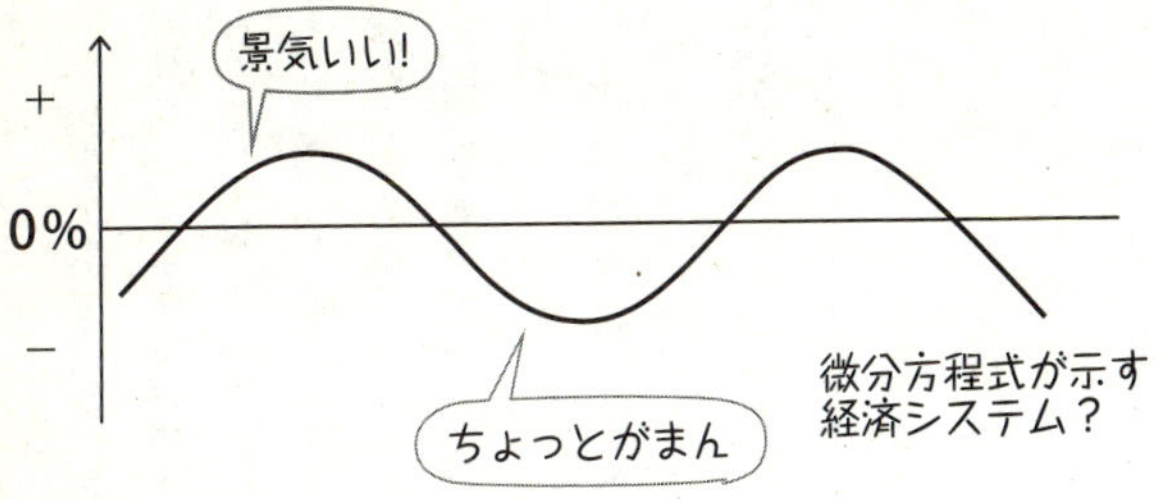

振動経済とは

1〜3年ぐらいの周期でこういうことが起これば、意外にいいシステムではないかと思っているんです。こういうシステムが、成熟した資本主義の次の段階に来るべきもののように感じています。

――景気には、好景気と不景気の波がありますが、それとは違うのですか?

景気の波というのは、もうちょっと長い周期で来るものですね。それに、これまでは振動しながら、トータルでは上昇している。私はそういうものではなく、もうちょっと小さな振動で、トータルで上に向かわない、成長率0パーセントで、小さくゆらゆらしている、そんなことができないかなとイメージしています。

あるときは経済発展を楽しみに、あるときには覚悟してマイナス成長の冬の時代を迎える。まったく動きのないゼロ成長の状態ではなく、このような動きがあることにより、メリハリができて逆に活気が出てくることもあるかもしれません。

――振動状態って自然にはできないと思いますが、実際に実現可能なのですか？

もちろん難しいですが、いろんな方法はあると思う。

たとえば、勝った企業は勝ちつづけない、負けた企業は負けつづけないというような、お互い様の「かわりばんこ社会」をうまくやるようなシステムです。経済物理学という、物理の手法で経済を分析している高安秀樹《たかやす》さんという研究者がいるのですが、彼は、こんなことを考えている。

企業は銀行にお金を借りて商売しているわけですが、毎年、利息をつけて返さないといけません。そこで、それぞれの企業の成長率で分けて、その年、すごく儲かった企業は、「今年は儲かったからいいや」と、予定よりちょっと多くのお金を銀行へ返すのです。たとえば、年利5パーセントで借りたところを7パーセント返すとかね。

そして銀行は、多くもらった分を補塡《ほてん》することで、厳しかった企業の借金をチャラにする。だから厳しかった会社は、翌年はちょっと浮上しますね。そんな仕組みをつくれば、振動経済が可能になるのではないか。

高安さんは、日本の企業全社を調べて、成長率の分布図を描き、どのくらい成長した会社が、いくら多く銀行に渡せばいいか、厳しかった会社にどのくらい補填するかというのをデータから割り出して精密に計算しているのです。実際に日本や海外の銀行を説得にまわっているそうです。

——そんなことができれば、可能かもしれないという気がしてきました。

いかに「お互い様」の社会がつくれるかですね。人間の欲望はコントロールが難しいので、無理なのではないかとよくいわれますが、全員がハッピーになる解決策を探してみるのは面白いし、いつか本当に見つけられるかもしれない。

このように、数学のエッセンスをちょっとだけ入れてみると、それを骨組みにして経済や社会システムについても考察を広げることができます。既成観念に捉われず、当たり前だと思われている前提やルールを疑ってみることも、時には大事です。間違いを恐れず、自分の思考を解き放って何でも考察していってください。

さて、これで授業は終わりです。4日間、本当にご苦労様でした。みなさんと一緒に考えることができて、私自身、とても楽しかったです。

アイディアを積み上げながら、数学を使って社会の難問に取り組むのは、とてもやりがいがあるし、楽しいことです。みなさんにも、この楽しさや臨場感を味わっていただきたかったのですが、いかがだったでしょう。

——数学って機械的なものだと思っていたんですけど、今回の授業で、数学の柔軟性みたいなものを感じたし、今までの数学のイメージがくつがえされました。広がりと厚みを感じられるようになったというか。開発された気がしてうれしかったです。

今度はみなさんが開拓する番ですよ。今回の経験を生かして、ぜひ将来「数学でこんなこともできる！」というのを見せてもらいたい。ヒントはどこにでもあるから、アンテナをはって、なんでも吸収していってください。

——まだ理解しきれなかったり、消化できていないこともたくさんありますが、今まで生きてきた中で、いちばん濃い時間だったんじゃないかと思います。ありがとうございました。

こちらこそ、ありがとう。わからなかったこともあると思うけれど、ときどき思い出しながら考えてみてください。

——小学校のときから数学が嫌いで、どんな意味があってやっているんだろうって、ずっと思っていました。でも、今回の授業を受けて、数学に親しみが持てたというか、数学ができたほうが、自分的にも問題が解決できてスッキリするだろうし、自分にも、何かできるかもしれないという気がしてきました。だから、これからの数学の授業をがんばりたいなって、ちょっと思うようになった。

おお、涙出そうだよ（笑）。

これから大人になっていく中で、いろんな壁に突き当たるかもしれないけど、この4日間のことを思い返してもらえれば、何か力になることがあるかもしれません。

きっとみなさんなら、困難を乗り越えていけると信じています。ぜひ、がんばって！

おわりに

私は小学生のころ、難しい算数の問題を考えるのが大好きでした。同級生にライバルの友達がいて、彼と競って問題を解き合っていたのですが、お互いなかなか解けずに引き分けになった勝負もたくさんありました。解けなかった問題のほとんどは、まだ小学校では習っていない数学を取り入れたものでした。

この友人との競争は、今振り返ると、ものすごく自分を成長させてくれたと思います。それは、教科書に沿って誰かにやらされる勉強ではなく、自分で新しいことをどんどん切り開いていくものだったからです。

どの時代でも、先生のいう通りに勉強する子が「いい子」の条件です。私はきっと、当時の先生から見たらとても扱いにくい子どもで、授業のノートもとらず、先生の話もろくに聞かないので、いわゆる落ちこぼれの生徒という分類をされていたのではないかと思います。教科書を買わないこともあったので、学校のカリキュラムからは落ちこぼれていましたが、自分が興味を持ったことは、とことんひとりで追求していました。なぜこういう「可愛くない」性格になったのか、自分でもよくわかりませんが、どこまでも深く知りたいという探求心は、そもそも人間に備わっている本能のように思えます。

ただ、こういう人物はたいてい学校教育の中では孤立していきます。私自身も精神的に孤立していたのですが、そんな当時の自分を強く支えてくれたものが数学（算数）でした。数学で正しいと示せば、それは大統領でも総理大臣でも否定できない。当時の私は、大人の論理に勝つためには、もっと数学の力をつけなくてはいけないと、心のどこかで感じていたのでしょう。それゆえ、ますます数学にのめり込んでいったのだと思います。

先生が知らなそうな数学の武器を手に入れたときは、まるで宝箱を見つけたような興奮を覚えました。もし、あなたが中学生なら、高校の参考書を眺めてみてください。高校生なら、図書館で大学の入門書を開いてみてください。知らない記号がたくさん出てきますね。それでいいんです。はじめは誰でもわかるはずありません。その秘密を暴いていくのは、まるでゲームで謎解きをしながら隠しアイテムを見つけるような楽しさがあります。

毎日、ほんの30分でいいので、周囲に散らばっている知らない武器を身に着けることに時間を使ってください。これを習慣にしてしまうと、きっと将来、大きな見返りがあるでしょう。

本書は、たくさんの方々のご協力によって生みだされました。

まず、授業に参加してくださった、都立三田高校の12名の生徒のみなさん、お疲れ様でした。みなさん本当に優秀で個性があり、私の研究室にそのままほしい人たちばかりでした。同高校の内記昭彦教諭と小澤理志教諭には大変お世話になりました。一緒に授業を盛り上げていただき、ありがとうございました。

装丁を手がけてくださったスープ・デザインの尾原史和さん、堀康太郎さん、とてもきれいな可愛らしい本に仕上げてくださり、ありがとうございました。味わい深い絵と数式を、たくさん描いてくださったＨＩＭＡＡ《ひま》さんにも感謝しています。鮮やかな色の組み合わせと、飄々《ひょうひょう》としたユーモアあふれる絵の入っている装丁は、まさに「血の通った数学」イメージそのものです。

本書の原稿と図版を細やかに組んでくださったＤＴＰの濱井信作さん、ありがとうございました。研究室の柳澤大地君には、原稿を細かくチェックしてもらい、大変助かりました。

そして最後に、数学アレルギーを持つ、朝日出版社の鈴木久仁子さんがいなければ、この本はできませんでした。

私はこれから、どのような分野でも縦横無尽に議論できる人材をたくさん育てていきたいと思っています。人間が悩むことは、分野が違っても同じことが多いのです。文系理系などという分類はもうやめてしまいたいです。

とくに、これまで、理科系の人のほとんどは、何か機械が壊れたときに社会に登場するなど、社会の細部を分担する役割しか担ってこなかったように思えます。これからはそうではなく、細部ももちろんわかるけれど、全体も見渡せる人がどんどん出てきてほしいと願っています。

厳密さといい加減さの両方がわかる、人間臭い数学ができる人こそが、今の社会に本当に求められている人物だと思います。本書がその一助となることを祈ります。

それでは、またどこかで、みなさんとお会いできる日を楽しみにしています。

２０１１年３月

駒場の研究室にて　西成活裕

文庫版あとがき

あれからもう四年の月日が経った。高校生に特別講義をした教室を先日久しぶりに訪れてみたが、たまたま誰もおらずひっそりと静まりかえっていた。私は今でもこの部屋で交わした高校生たちとの熱いやりとりを忘れてはいない。そのときの興奮は、本書を読んでいただいた人にも臨場感を持って届いていると信じている。実際に、この本の出版以来、全国の高校生はもちろん、そのご両親など様々な人からうれしい感想をたくさんいただくことができた。改めて一冊の本が持つ力を実感するとともに、特別講義中に私を常に刺激し続けてくれた高校生たちの新鮮で純粋な感性に感謝したい。

本書を書いた動機についてはこれまで随所で述べてきたが、最後にまた少し触れておこう。

私たちの社会は、国家や地域、家庭など様々なスケールのプレイヤーが複雑に絡み合って一種のゲームをしていると考えることができる。その中で、格差や貧困の問題、環境破壊の問題、金融バブルの崩壊など、問題がどんどん生み出され、解決されずに山積していくものも多い。この現実と比べて、学校で勉強する学問はあまりにも単純で、何て役に立たないのか、と感じている人は多いのではないだろうか。

私も学校で勉強していたときに、極度に理想化された学問が途中でつまらなくなり、いつしか現実の問題も真剣に考えるようになった。それからは机上の勉強だけでなく、バランスよく理論と現実を行ったり来たりしてきたつもりである。しかし残念ながらうまくこのバランスを保ちながら研究をしていくのは極めて難しく、私自身ももう二十年も手探り状態が続いている。ずっと私が取り組んできた渋滞学は、まさに理論の基礎である数学を、現実の渋滞という課題に直接応用しようとする過程で生まれたものだ。理論と現実とのギャップをどのように埋めるかについて、本書には渋滞学のノウハウがたくさん盛り込まれている。この私の経験が、理論と現実のインターフェイスとなる人材育成のために少しでも参考になればという願いで本書は書かれた。理論も現実もバランスよく議論できる人は、きっと現実の困難な諸課題を解決し、真に人類に貢献できる人物となるだろう。

このたび角川学芸出版から手に取りやすい文庫版が出版されることになった。編集者の堀由紀子さんには、とても丁寧に原稿をチェックしていただき、そして有益な助言をたくさんいただいた。この場を借りてお礼をしたい。堀さんの提案による新たな加筆も含め、装いも新たになった「とん数」が、また幅広い世代にご愛読いただける本になれば望外の喜びである。

最後にこの本にこれまで関わったたくさんの人に感謝したい。皆さん、本当にどうもありがとう！

西成　活裕

本郷の研究室にて

補講メモ

⇒ $f'(x)$ は

微分すると消える。

$$f'(x)=\left(\cancel{1}+\cancel{3}-\frac{3\times500}{x}\right)'$$

ゼロ　ゼロ

$$=\left(-\frac{3\times500}{x}\right)'$$

$$=-3\times500\times\left(\frac{1}{x}\right)'$$

公式

$$=-3\times500\times\left(-\frac{1}{x^2}\right)$$

$$=3\times500\times\frac{1}{x^2}$$

公式…分母にxがあるときの微分

$$\left(\frac{1}{x}\right)'=-\frac{1}{x^2}$$

これを代入すると

$$\frac{dy}{dx}=\frac{1}{3}-\frac{500}{\left(1+3\left(1-\frac{500}{x}\right)\right)^2}\times\left(3\times500\times\frac{1}{x^2}\right)$$

$$=\frac{1}{3}-\frac{3\times500\times500\times\frac{1}{x^2}}{\left(1+3\left(1-\frac{500}{x}\right)\right)^2}$$

P212へ

$$T = \frac{L}{3} + \frac{500}{1 + 3\left(1 - \frac{500}{L}\right)}$$ を微分する

東京マラソンのスタート地点で、最後尾の人がスタートラインを横切るまでの時間の式を微分するとき、そこで使われる公式、式の展開をメモしておきます。ここでは「合成関数の微分」という公式を使って、次のように計算します。

$T \longrightarrow y$
$L \longrightarrow x$
なじみのある記号にかえて…

$$y = \frac{x}{3} + \frac{500}{1 + 3\left(1 - \frac{500}{x}\right)}$$ ←合成関数の微分

$f(x) = 1 + 3\left(1 - \frac{500}{x}\right)$ と置く。

$$y = \frac{x}{3} + \frac{500}{f(x)}$$

微分 ↓

$$\frac{dy}{dx} = \frac{1}{3} + \left(\frac{500}{f(x)}\right)'$$

$(\quad)'$ ←微分マーク
合成関数の微分の公式を使う。

$$= \frac{1}{3} - \frac{500}{f(x)^2} \times f'(x)$$

右上へ ⇗

公式…合成関数の微分

$$\left(\frac{1}{f(x)}\right)' = -\frac{1}{(f(x))^2} \times f'(x)$$

xの関数の微分をかける（$f'(x)$）

xの関数のこと（$f(x)$）

本書にご協力いただいたみなさん
東京都立三田高等学校　１年生（64期生）
秋山豊人さん、鍛治佑樹さん、亀坂瑠璃子さん、泉水千明さん、
田中千里さん、對馬史さん、坪井可那子さん、八川梨紗さん、
福島俊さん、安武真由さん、山口一平さん、劉罕博志さん
以上12名と、小澤理志先生、内記昭彦先生
学年・肩書は当時のものです。

イラスト　クー
図版制作　フロマージュ
写真　ユニフォトプレス（216ページ）

本書は『とんでもなく役に立つ数学』（朝日出版社、
二〇一一年）を加筆修正の上、文庫化したものです。

とんでもなく役《やく》に立《た》つ数学《すうがく》

西成活裕《にしなりかつひろ》

平成26年 12月25日　初版発行
平成28年 4月15日　8版発行

発行者●郡司 聡

発行●株式会社KADOKAWA
〒102-8177　東京都千代田区富士見2-13-3
電話 03-3238-8521（カスタマーサポート）
http://www.kadokawa.co.jp/

角川文庫 18936

印刷所●旭印刷株式会社　製本所●本間製本株式会社

表紙画●和田三造

ISBN978-4-04-409476-8　C0141

角川文庫発刊に際して

角川源義

第二次世界大戦の敗北は、軍事力の敗北であった以上に、私たちの若い文化力の敗退であった。私たちの文化が戦争に対して如何に無力であり、単なるあだ花に過ぎなかったかを、私たちは身を以て体験し痛感した。西洋近代文化の摂取にとって、明治以後八十年の歳月は決して短かすぎたとは言えない。にもかかわらず、近代文化の伝統を確立し、自由な批判と柔軟な良識に富む文化層として自らを形成することに私たちは失敗して来た。そしてこれは、各層への文化の普及滲透を任務とする出版人の責任でもあった。

一九四五年以来、私たちは再び振出しに戻り、第一歩から踏み出すことを余儀なくされた。これは大きな不幸ではあるが、反面、これまでの混沌・未熟・歪曲の中にあった我が国の文化に秩序と確たる基礎を齎らすためには絶好の機会でもある。角川書店は、このような祖国の文化的危機にあたり、微力をも顧みず再建の礎石たるべき抱負と決意とをもって出発したが、ここに創立以来の念願を果すべく角川文庫を発刊する。これまで刊行されたあらゆる全集叢書文庫類の長所と短所とを検討し、古今東西の不朽の典籍を、良心的編集のもとに、廉価に、そして書架にふさわしい美本として、多くのひとびとに提供しようとする。しかし私たちは徒らに百科全書的な知識のジレッタントを作ることを目的とせず、あくまで祖国の文化に秩序と再建への道を示し、この文庫を角川書店の栄ある事業として、今後永久に継続発展せしめ、学芸と教養との殿堂として大成せんことを期したい。多くの読書子の愛情ある忠言と支持とによって、この希望と抱負とを完遂せしめられんことを願う。

一九四九年五月三日

角川ソフィア文庫ベストセラー

数学物語　新装版
矢野健太郎

動物には数がわかるのか？　人類の祖先はどのように数を数えていたのか？　バビロニアでの数字誕生からパスカル、ニュートンなど大数学者の功績まで、数学の発展のドラマとその楽しさを伝えるロングセラー。

空気の発見
三宅泰雄

空気に重さがあることが発見されて以来、様々な気体の種類や特性が分かってきた。空はなぜ青いのか、空気中にアンモニアが含まれるのはなぜか——。身近な疑問や発見を解き明かし、科学が楽しくなる名著。

進化論の挑戦
佐倉統

生命四〇億年の歴史を論じる進化論には、指針となる思想への鍵が潜んでいる——。倫理観、宗教観、優生思想、自然保護など、人類文明が辿ってきた領域を進化論的側面から位置付け直し、新たな思想を提示する。

失敗のメカニズム
忘れ物から巨大事故まで
芳賀繁

物忘れ、間違い電話、交通事故、原発事故——。当人の能力や意図にかかわらず引き起こされてしまう失敗を「ヒューマンエラー」と位置付け、ミスをおかしやすい人や組織、環境、その仕組みと対策を解き明かす！

宇宙「96％の謎」
宇宙の誕生と驚異の未来像
佐藤勝彦

時空も存在しない無の世界に生まれた極小の宇宙。それは一瞬で爆発的に膨張し火の玉となった！　高精度観測が解明する宇宙誕生と未来の姿、そして宇宙の96％を占めるダークマターの正体とは。最新宇宙論入門。

角川ソフィア文庫ベストセラー

角川ソフィア文庫ベストセラー

バカはなおせる
脳を鍛える習慣、悪くする習慣
久保田 競

貧乏ゆすりで試験の点数アップ？ 脳機能の日本最高権威が、最新脳科学で驚きの事実を解き明かす。脳の鍛え方、脳に良い食べ物ほか、身近で実践的なノウハウ満載。誰でもいくつになってもアタマは良くなる！

神が愛した天才科学者たち
山田大隆

メモ魔だったニュートン、本を読まなかったアインシュタイン、酒好きだった野口英世ほか、天才たちの意外な素顔やエピソードを徹底紹介。偉業の陰にあったドラマチックな人生に、驚き、笑い、勇気をもらう。

アスリートの科学
身体に秘められた能力
小田伸午

世界の一流アスリートの動きは、頭の中の錯覚を削ぎ落とし、感覚を研ぎ澄ますことから生まれる。アスリートたちが見せる驚きのパフォーマンスの事例を挙げ、科学と感覚の両面から、身体運動の不思議に迫る。

長寿エリートの秘密
白澤卓二

生物学者が実験により発見してきた、さまざまな寿命制御遺伝子は、はたして我々に長寿をもたらしてくれるのか。「老化」「アンチエイジング」の解明に挑む加齢医学の専門家が、健康長寿の秘密に多角的に迫る！

脳はなにを見ているのか
藤田一郎

「見る」という行為を通して、脳の働きを紹介。ふだん何気なく見ている風景が、脳によって「変換」されていることを、多くの錯視画を用いながら解説していく。 ワクワクするような脳科学の世界へようこそ！

角川ソフィア文庫ベストセラー

赤ちゃんは顔をよむ
山口真美

これまで、生まれたばかりの赤ちゃんはぼんやりとしか目が見えないと考えられていたが、数日後には母親の顔を好んで見ることがわかってきた！「顔をよむ」ことで発達する驚きのメカニズムを解き明かす。

生物にとって時間とは何か
池田清彦

生命の核心をなす生物固有の時間とは。突然変異を呼び込むDNA複製システムや、未知のウイルスに備える免疫システムなど、未来を探る生物の姿を紹介。時間の観点から生物学の新たな眺望を拓く根源的生命論。

脳からみた心
山鳥重

目を閉じてと言われると口を開く失語症。見えない眼で点滅する光源を指さす盲視。神経心理学の第一人者が脳損傷の不思議な臨床例を通して脳と心のダイナミズムを解説。心とは何かという永遠の問いに迫る不朽の名著。

なぜ人は地図を回すのか
方向オンチの博物誌
村越真

ナビゲーション技術は進化し続けているにもかかわらず、方向オンチが治ったという話は聞かない。迷う人と迷わない人は何が違うのか？　心理学や脳科学、男女の性差などから多角的に分析。克服法も提案する。

旅人
ある物理学者の回想
湯川秀樹

日本初のノーベル賞受賞者である湯川博士が、幼少時から青年期までの人生を回想。物理学の道を歩き始めるまでを描く。後年、平和論・教育論など多彩な活躍をした著者の半生から、学問の道と人生の意義を知る。

角川ソフィア文庫ベストセラー

夢のもつれ　鷲田清一

映像・音楽・モード・身体・顔・テクスチュアなど、身近なさまざまな事象を現象学的アプローチでやさしく解き明かす。臨床哲学につながる感覚論をベースとした、アフォリズムにあふれる哲学エッセイ。

死なないでいる理由　鷲田清一

〈わたし〉が他者の思いの宛先でなくなったとき、ひとは〈わたし〉を喪い、存在しなくなる——。現代社会が抱え込む、生きること、老いることの意味、そして〈いのち〉のあり方を滋味深く綴る。

大事なものは見えにくい　鷲田清一

ひとは他者とのインターディペンデンス（相互依存）でなりたっている。「わたし」の生も死も、在ることの理由も、他者とのつながりのなかにある。日常の隙間からの「問い」と向き合う、鷲田哲学の真骨頂。

やがて消えゆく我が身なら　池田清彦

「ぐずぐず生きる」「八〇歳を過ぎたら手術は受けない」「がん検診は受けない」——。飾らない人生観と独自のマイノリティー視点で、現代社会の矛盾を鋭く突く！　生きにくい世の中を快活に過ごす指南書。

壊れた脳 生存する知　山田規畝子

靴の前後が分からない。時計が読めない。世界の左半分に気が付かない。三度の脳出血で高次脳機能障害となった著者が、戸惑いながらも、壊れた脳で生きる日常を綴る。諦めない心とユーモアに満ちた感動の手記。

角川ソフィア文庫ベストセラー

壊れた脳も学習する　山田規畝子

瀕死の出血から五年。しかし、高次脳機能障害を背負った著者の脳は驚異的回復を続けた。自前のリハビリ、同じ障害を持つ人々との出会い、生きる勇気をくれた一人息子の言葉。『壊れた脳 生存する知』姉妹編。

天災と日本人　寺田寅彦随筆選　寺田寅彦　編／山折哲雄

地震列島日本に暮らす我々は、どのように自然と向き合うべきか——。災害に対する備えの大切さ、科学と政治の役割、日本人の自然観など、今なお多くの示唆を与える、寺田寅彦の名随筆を編んだ傑作選。

歴史を動かした哲学者たち　堀川　哲

革命と資本主義の生成という時代に、哲学者たちはいかなる変革をめざしたのか——。デカルト、カント、ヘーゲル、マルクスなど、近代を代表する11人の哲学者の思想と世界の歴史を平易な文章で紹介する入門書。

世界を変えた哲学者たち　堀川　哲

二度の大戦、世界恐慌、共産主義革命——。ニーチェ、ハイデガーなど、激動の二〇世紀に多大な影響を与えた一五人の哲学者は、己の思想でいかに社会と対峙したのか。現代哲学と世界史が同時にわかる哲学入門。

若者よ、マルクスを読もう　20歳代の模索と情熱　内田　樹／石川康宏

『共産党宣言』『ヘーゲル法哲学批判序説』をはじめとする、初期の代表作5作を徹底的に嚙み砕いて紹介。その精神、思想と情熱に迫る。初心者にも分かりやすく読める、専門用語を使わないマルクス入門！

角川ソフィア文庫ベストセラー

宇宙100の謎
監修／福井康雄

宇宙は何色なの？　宇宙人はいるの？　ビッグバンって何？　子供も大人も、みんなが知りたい疑問に、天文学の先生がQ&A形式でわかりやすく解説。神秘とロマンにとことん迫る、宇宙ガイドの決定版！

マイナス50℃の世界
米原万里

窓は三重構造、釣った魚は一〇秒でコチコチ。ロシア語通訳として真冬のシベリア取材に同行した著者は、鋭くユニークな視点で、様々なオドロキを発見していく。カラー写真も豊富に収載した幻の処女作。

カタツムリのごちそうはブロック塀!?
身近な生き物のサイエンス
稲垣栄洋

四つ葉のクローバーが見つかりやすい場所はどこ？　テントウムシの派手な模様は何のため？　身近な生き物たちの不思議な生態やオドロキの知恵がわかる。楽しいイラストも満載の秀逸なエッセイ。

蝶々はなぜ菜の葉に止まるのか
稲垣栄洋
絵／三上修

なぜ桃太郎はミカンではなく桃から生まれたか。なぜ門松なのに竹を飾るのか――。日本人の暮らしや文化と植物との意外で密接な繋がりを紹介。植物の優れた特性が身近なエピソードとともに楽しめるエッセイ。

月に名前を残した男
江戸の天文学者　麻田剛立
鹿毛敏夫

江戸後期、少年は幕府の暦にない日食を予測した。日本初の天文塾を開き日本の近代天文学の礎となった麻田剛立。その名は「アサダ」として、月のクレーターの名に残っている。知られざる偉人の生涯を描く。

角川ソフィア文庫ベストセラー

知っておきたい日本の名字と家紋
武光誠

鈴木は「すすき」？　佐藤・加藤・伊藤の系譜は同じ？約二九万種類ある名字の多様な発生と系譜、地域分布や珍しい名字のいわれ、家紋の由来と種類など、ご先祖につながる名字のタテとヨコがわかる歴史雑学。

知っておきたい日本のご利益
武光誠

パワースポットにもなって人びとの願いと信仰が凝縮したもの、それがご利益。商売繁盛、学業成就、厄除け、縁結びなど、霊験あらたかな神仏の数々の由来や祈願の仕方など、ご利益のすべてがわかるミニ百科。

知っておきたい日本のしきたり
武光誠

方位の吉凶や厄年、箸の使い方、上座と下座。常識のように思われてきたこれらの日常の決まりごとや作法は、何に由来するのか。旧暦の生活や信仰など、日本の文化となってきたしきたりをやさしく読み解く。

知っておきたい世界七大宗教
武光誠

世界宗教のキリスト教・イスラム教・仏教・ユダヤ教、民族宗教の道教・ヒンドゥー教・神道のそれぞれの共通点と違いから、固有の文化や掟などを概観。一神教と多神教の考え方、タブーや世界観を明かす。

知っておきたい日本の県民性
武光誠

青森県人は「じょっぱり」で高知県人は「いごっそう」。県民性の謎の正体と成り立ちを、古代史型、交通路型、産業型、支配型、藩気質型など各地の歴史を踏まえてタイプ別に解説。思わずうなずくナルホド百科。

角川ソフィア文庫ベストセラー

知っておきたい日本の天皇　武光　誠

天皇とは私たちにとってどんな存在なのか。天皇が歴史上果たしてきた政治的・文化的な役割や、日本人の中で特別な権威を持ち続けた背景をすっきり解説。あまり知られていなかった天皇の基礎知識がわかる！

知っておきたい日本の神道　武光　誠

神社ではなぜ柏手を打つのか？　神道に開祖や聖典がない理由は？　私たちの暮らしに深く関わってきた神道を、しきたりや行事、先祖や神様などの身近な話題から解説。この一冊で神道の基本がすべてわかる！

知っておきたい「食」の世界史　宮崎正勝

私たちの食卓は、世界各国からもたらされたさまざまな食材と料理であふれている。身近な食材の意外な来歴、世界各地の料理と食文化とのかかわりなど、「食」にまつわる雑学的な視点でわかるやさしい世界史。

知っておきたい「酒」の世界史　宮崎正勝

ウイスキー、ブランデー、ウオッカ、日本の焼酎などの蒸留酒は、イスラームの錬金術の道具からはじまり、大航海時代の交易はワインから新たな酒を生んだ。世界中のあらゆる酒の意外な来歴と文化がわかる！

知っておきたい「味」の世界史　宮崎正勝

甘味・塩味・酸味・苦味・うま味。人類の飽くなき「味」への希求が、いかに世界を動かしてきたのか。大航海時代のスパイス、コーヒー・紅茶を世界的商品にした砂糖など、「味」にまつわるオモシロ世界史。